高等数学教育及教学改革研究

李海红◎著

吉林出版集团股份有限公司
全国百佳图书出版单位

图书在版编目（CIP）数据

高等数学教育及教学改革研究 / 李海红著. -- 长春:
吉林出版集团股份有限公司, 2023.12
ISBN 978-7-5731-4483-6

Ⅰ. ①高… Ⅱ. ①李… Ⅲ. ①高等数学－教学研究－
高等职业教育 Ⅳ. ①O13

中国国家版本馆CIP数据核字(2023)第234145号

GAODENG SHUXUE JIAOYU JI JIAOXUE GAIGE YANJIU
高等数学教育及教学改革研究

著　　者　李海红
责任编辑　宫志伟
装帧设计　李　亮

出　　版　吉林出版集团股份有限公司
发　　行　吉林出版集团社科图书有限公司
地　　址　吉林省长春市南关区福祉大路5788号　邮编：130118
印　　刷　唐山富达印务有限公司
电　　话　0431-81629711（总编办）
抖 音 号　吉林出版集团社科图书有限公司 37009026326

开　　本　710 mm × 1000 mm　1 / 16
印　　张　9.25
字　　数　180 千
版　　次　2023 年 12 月第 1 版
印　　次　2023 年 12 月第 1 次印刷

书　　号　ISBN 978-7-5731-4483-6
定　　价　45.00 元

目录 CONTENTS

第一章　高等数学概述

第一节　高等数学发展史及其意义

广泛认为，17世纪可以视作高等数学的开端。在数学原始阶段的研究结束后，学者们都在努力寻找一种探究事物变化和发展规律的新的数学方法。实际上，这种探索持续了数千年，东西方一直都不断有人试图用某种分割的策略去解决曲面图形的面积计算和球体体积计算这样的问题。但是，这种没有任何方法论的研究自然是徒劳无功。直到17世纪，才逐渐有人为黑暗中的摸索带来点点曙光，把几何上的具体问题转化为代数上建立“无穷小量”和“极限”之间的抽象的联系。正是反其道行之的逆向思维，使得牛顿和莱布尼茨这两位先驱在前人工作的基础上发明了微分法和积分法，并且最终发现他们是一种对立统一的关系。两人先是在数学概念上设置出看似割裂的对立关系，后又寻找到某种计算公式达成统一关系。经过伯努利兄弟和欧拉的改进、扩展和提高，微积分这种单纯的计算法则上升到了数学分析的高度。早期微积分在应用于极限时由于缺乏可靠的性质和定理，很快陷入“粗而不精”的危机之中。这门新的数学研究饱受质疑，甚至被神学攻击。随后数学大师柯西、黎曼、刘维尔和魏尔斯特拉斯赋予了微积分之前并不存在的严密性和精确性，学界开始广泛认可微积分的实用性。然而，随着学科交叉横向和纵向的实践深入，微积分需要更深层次的发展方才能够应付越来越复杂和深奥的问题。另外，对于分析学界来说，微积分薄弱的定理性质和公式似乎不再经得起推敲，这导致微积分始终被困在围墙之中。到这时，数学家们才发现，严格性与精确性其实只解决了逻辑推理本身这个基础问题，而逻辑推理所依存的理论基础才是更根本也更难解决的问题。最终，康托尔、沃尔泰拉、贝尔和勒贝格把严格性与精确性同集合论与艰深的实数理论结合起来，创建微积分才到达终点，高等数学也彻底巩固了从0走到1的步伐。

对高数史进行较为全面的研究，可以让教育者更好地培养高数思维，从而有助于在高数教学中深入浅出的传授知识与为学生解惑。毫无疑问，在高等数学中，微积分是最重要的起点也是最基础的理论。因此，这一章重点介绍了微积分的发展过程。

一、起源

1665年5月20日，辍学后浪子回头的艾萨克·牛顿提出了“流数术”。当然，彼时的流数术仅仅只是为了用来解决物理运动问题的计算法则。尽管如此，《流数简论》依旧成为历史上第一篇系统的微积分文献，并标志着微积分的诞生。流数术与今天随处可见的微积分理论大相径庭，牛顿确实已经意识到微积分理论的外在表现规律。他认为任何运动存在于空间，依赖于时间。而时间是永远在流逝的，因而他把时间作为自变量，把与时间相互联系的固变量作为流量，不仅如此，他将所有的几何图形、线、角体，都看作力学位移的结果。所以，一切变量都是流量。“流数术”基本上包括三类问题：

（1）已知流量之间的关系，求他们的流数的关系，这即是函数思维或者说微分思维。

（2）已知表示流数之间的关系的方程，求相应的流量间的关系，而这种逆微分思维，其实就是微积分思维。

（3）流数术应用范围包括计算曲线的极大值、极小值，求曲线的切线和曲率，求曲线长度及计算曲边形面积，等等。

综上所述，牛顿的流数术基本弄清楚积分与微分的互逆运算关系，且基于运动学理论对二者的互逆作出了属于自己的解释。除此以外，由于流数术一开始就并非虚无缥缈的理论研究，所以在积分学的诞生之际就已经走向实际应用。遗憾的是，牛顿始终没有把积分思维当作独立的学科，即便提出了积分原理和应用范围，却最终没能完成实际应用和具体计算的落地。

与牛顿流数论的运动学背景不同，戈特弗里德·威廉·莱布尼茨创立微积分首先是出于几何问题的思考，这一点与古代学者们的穷竭法如出一辙。他把三角形的三条边看成微分量的集合，进而建立了由dx、dy和PQ（弦）组成的著名特征三角形。至此，莱布尼茨将数列与微积分运算联系起来，dx、dy亦可以适用于一切函数。正如他所说的那样，特征三角形为他开启了希望之门，并因此确立了无数的定理。于是，一切曲线图形的面积都可以是无数个特征三角形的面积之和，定积分的概念被洞悉。

有了运算法则和公式，接下来的工作就是顺水推舟，莱布尼茨仅仅在运算法则的逆向使用中就轻易地发现了积分与微分间的互逆关系。大约到17世纪80年代初，莱布尼茨开始总结自己陆续获得的成果，并将他们成文发表。

至于牛顿与莱布尼茨的微积分创立之争，实际上是毫无意义的。从发展演变来看，牛顿与莱布尼茨在背景、方法和形式上明显独立且没有任何关联，只不过两人都使微积分成为能普遍适用的算法，同时又都将体积面积及相当多的问题归结为反切线（微分）运算。这自然无可厚非，毕竟正确的终点站是唯一的。而唯一值得肯定的是，定积分公式被称为牛顿—莱布尼茨公式。

二、成熟

如果说牛顿和莱布尼茨为微积分搭建了坚固的基础建筑，那么正是雅各布·伯努利和约翰·伯努利所做的大量的工作，才把微积分建成辉煌璀璨的数学宫殿。伯努利兄弟在向上突破时不断遇到阻碍，不得已回归初心重新阅读了莱布尼茨关于微积分的初始论文，在反复的研究中抓住微积分真正的精髓，基于此慢慢补足它的细节。此时此刻恰如彼时彼刻，伯努利兄弟走的回头路与牛顿和莱布尼茨如出一辙，最终方才完善了微积分的统一性和条理性。例如，“积分”一词正是雅各布给出的。在他们的指引下，微积分变成当今学生易于接受的内容，即具有基本的求导发展、微积分和初等微分方程的解法。

莱昂哈德·欧拉在整个18世纪成为微积分发展的主导者，甚至给微积分规划出一片新的蓝图。这些突出的贡献使得欧拉在高等数学领域毫不逊色于创始人牛顿和莱布尼茨，亦是数学史上最杰出的学者之一。在永不枯竭的广泛兴趣的推动下，他掀起了微积分一场轰轰烈烈的伟大变革。欧拉一方面将微积分融入像数论、代数学和几何学这样一些早已确立且独立的分支学科的研究之中，同时又创建了图论、变分学和分析论一些分支学科。瑞士自然科学会在1911年开始出版他的著作，名为《欧拉全集》，到1956年已经出版了超过70卷，这些实打实的白纸黑字，足以将欧拉所付出的艰辛量化出来。在已经出版的欧拉著作集中，有近一半的内容都是关于微积分。欧拉将微积分的研究重心重新转回到几何，填补了两位先辈留下的空白。无论是极限还是微分，或是积分，欧拉在代数外给予了它们新的几何意义，这堪称高等数学新的里程碑。除此之外，欧拉还创作了无穷级数、多重积分等新的内容和知识体系，同时，引进了一批标准的符号。无论是微分还是积分，也无论是近似值还是插值，欧拉的开创性都是异常惊人的。冯·诺依曼把欧拉称为“同时代最伟大的数学家”，牛顿和莱布尼茨为数学界带来曙光，欧拉在光明之下居然又毫不犹疑地走进黑暗，并且经常凭借惊人的敏捷头脑和直觉思维能力找到正确的答案。

毫无疑问，欧拉对分析学驾轻就熟，在分析学这个舞台上展现出非凡的创造力，沿着那些简单的数字走向真理。因此，欧拉也被后人称为“分析的化身”。欧拉于1783年去世，微积分亦完成了一个世纪的轮回。这个世纪的一个重要发展趋势是人们不再把微积分只当成一种四则运算式的工具，而是当成可以深入研究的分析理论。为了解决几何问题发明的微积分，对曲线和几何不再依赖，反而又重新回到函数代数运算。在欧拉的著作里，莱布尼茨和牛顿所使用的复杂几何图解消失不见，取而代之的是更为简洁的函数关系。由此可见，从特殊到普通，从个性到共性，为下一个世纪的高等数学发展的主题。

在时代的更迭中，微积分学最显著的改变即是精密性差异。作为一种极限的解答，早期数学家们在使用结果时只不过是进行一个粗略的估算，甚至毫不考虑其结果是否精确无误。在迫敛定理出现之前，人们将极限完全各异的收敛数列直接等同。在其他方面，微积分的先驱们也只是根据性质直接得出一个“估算”作为极限的结果，这也使微积分学的基础让人产生怀疑。最典型的就是无穷小量概念，它在早期的微积分计算时看起来不可避免的既是零又不是零，极易产生严重的逻辑混乱。

当时，数学界因为极限的精密性而遭受到外界广泛的质疑，甚至被神学乘虚而入。来自英国的哲学家、牧师贝克莱，在他所著的《分析学家》批判道：现代分析学的精度和深度远远不如神学那样深刻。贝克莱更是一针见血地评论，无论是牛顿的微积分理论还是莱布尼茨的无穷小量概念，都根本无法解决微积分存在的精密性问题，人类对极限的追逐仿佛又回到原点。在贝克莱后的数十年中，很多数学家试图挽救微积分摇摇欲坠的局面，达朗贝尔就是其中的一位。他重新为微积分确立了定义，洗清了神学对微积分是“形而上学”的诬陷，为其定义重新正名。达朗贝尔完善了牛顿的“流数术”法则，将一系列含糊不清的概念用另一种方法清晰直观地表达，并真正把极限、微分、积分联系起来。但由于达朗贝尔的定义无法通用，以及没能推导具体的计算法则，只是算作笼统的、理想化的提示，启发下一代的数学家。

与此同时，法国数学家拉格朗日试图提供一个逻辑上的构架，希望微积分能够以此作为理论基础。他在1797年所写的《解析函数论》中设想了一种“排除无穷小量、逐渐消失的量、极限以及流数所有因素在内”的积分模型，并推导出具体的计算法则。

但拉格朗日的积分明显刻意地避开了所有的瓶颈，根本经不起严格的推敲。1822年法国数学家柯西证实拉格朗日的思想存在致命的缺陷，将这种“聪明”的积分模型最终淘汰。虽然拉格朗日未能完成他的主要使命，但却做出了许多贡献，引导了新世纪数学的发展。例如在此后微积分精密性被解决后，他提出的拉格朗日中值定理得到了很大的发挥。

三、波澜

18世纪，数学的逻辑危机仍未解决。达朗贝尔和拉格朗日的工作，以及其他致力于处理这些问题的数学家的工作，并没有压制住大量的批评。但解决方案指日可待。18世纪，分析学超越了前人的想象，成为一门充满普遍性、抽象性和不平等性的学科，并变得更加严格。

到19世纪初，在精密化的基础上重建微积分的努力开始获得了成效。法国数学家的先驱柯西在严谨性分析方面真正有影响力。他明确定义了数学的基本概念，如极限、变量、函数、连续性、微分、导数、收敛性等。在此基础上，柯西确定并证明了一些重要的理论，例如著名的柯西不等式和柯西中值定理。同时，柯西还对无穷级数进行了严格的处理，明确定义了级数的收敛性，并提出了级数收敛性的判别条件。柯西的研究成果推动微积分朝着全面而严谨的方向迈出了决定性的一步，他的许多定义和描述都非常接近现代数学形式，判别条件也可以更严格地进行。在今天的高等数学学习中，柯西关于函数和导数连续性、可微性和可积性等方面的理论几乎是整个课程学习的前提。在更高层次的数学研究时，柯西的定理鼓励后辈继续探索这些概念之间的内在关系。这种内在关系的探索将伴随着十九世纪的数学家，为这门学科带来新的发展和完善。

美中不足的是，复数的“合法性”仍然是一个悬而未决的问题。然而，为了使复杂分析成为现代分析学的一个研究领域，它必须基于这个前提：主要创始人是柯西、黎曼和魏尔斯特拉斯。三者的讨论起点和方法不同，但可以说他们以不同的方式实现了相同的目标。

魏尔斯特拉斯还为复杂变量函数开辟了一条研究道路，他的研究工作一直以严谨著称。他不仅拒绝通过复杂积分来使用柯西的结果，而且无法接受黎曼提出的几何“超越”方法。他认为函数论的原理必须建立在代数真值的基础上，因此他专注于幂级数，用幂级数定义了特定领域中函数的分析，并导出了整个分析函数。并且以分析式的形式给出。从定义已知受限范围内函数的幂级数开始，我们可以使用相应的幂级数定理推导出在其他区域定义相同函数的进一步幂级数。魏尔斯特拉斯在分析中引入了严格的推理，建立了实数理论，定义了具有越来越多限制的无理数，创造了许多语言，并给出了与现代定义一致的级数、边界点和连续函数的上限和下限的严格定义。魏尔斯特拉斯大约在1842年接受了一致收敛的概念，并用它给出了级数项积分和积分符号下微分的条件。1860年，他得出结论：

“有限无限点集必须有累积点”，“有限闭集中的连续函数必须有最大值和最小值”。1861年，他开始讨论连续函数和可微函数之间的关系。1872年，他得到了一个著名的反例，并构造了一个连续但处处不可微的函数。魏尔斯特拉斯对严谨分析的贡献为他赢得了“现代分析之父”的称号。

四、变革

牛顿和莱布尼茨创立数学已有两个多世纪，柯西、黎曼和魏尔斯特拉斯促进计算严谨性的工作超出了前人的想象。但当数学家尽力建立一些基本概念，如连续性和可积性时，他们的巨大成功也引起了联系问题。这些问题要么有吸引力，要么极其困难，要么两者兼而有之。有许多独特的例子，我们可以从中看到未来的研究方法。魏尔斯特拉斯函数是这些例子中最为人所知的，随着问题变得越来越复杂，解决方案也需要越来越彻底的考虑。

德国数学家康托尔在19世纪后半叶创立了无限集理论，并用这一思想再次证明了超越的存在。康托尔在1883年写下了一句著名的话：“数学的本质在于它的充分自由。”很少有数学家如此彻底地相信这一原则，也很少有人像康托尔这样从根本上改变了这门学科的性质。在19世纪，数学研究直接基于边界。很明显，边界本身取决于实数系统的性质，而最重要的性质就是我们现在所说的完备性。

康托尔对无数实数的发现是朝着建立超精细集合理论迈出的真正一步。1878年，康托尔明确提出了“基数”或“潜力”一词。康托尔认为，建立集合论是重要的，将数的概念扩展到“无穷大”。为此，他建立了超有限级数和超有限序数的理论。康托尔看到他的思想在他有生之年被广大学术界所接受。早期的崇拜者是罗素，他将康托尔描述为“19世纪最伟大的知识分子之一”。随着二十世纪的到来，数学家们有理由为自己加油。数学已经存在了两个多世纪。它的基础是毋庸置疑的，许多悬而未决的问题已经解决。

法国数学家亨利·勒贝格在1902年发表的《积分、长度和面积》中，利用基于集合论的测度概念建立了所谓的勒贝格积分。如果用一个开放集g包络，则认为e的测度小于g，可能存在大量的外包集。其测量的下限称为e的“外部性”；同样地，闭集f从e的内部增加e，并且闭集f的所有实测值的上限被称为e的“内部测量”。如果一组点e在内部和外部相等，则称为测量e或“可测量集”。测量理论最早由埃米尔·博雷尔创立，他将测量理论应用于新的积分理论。到20世纪初，微积分学已经汇聚成包含许多概念、定义、定理和实例的一座宝库，并且发展成为一种独具特色的思维方式，确立了它在高等数学知识体系中不可替代的地位。

从现实世界发展的趋势来看，高等数学应该会得到更为深度和广度的发展，甚至成为整个社会技术的理论基础，并为其他不同的学科和领域做出技术层面的指导。但实际上，当前的高等数学发展现状并不是乐观的，其根本原因就是高等数学教育教学上存在着问题和不足，普及程度亦远不及预期。

长期以来，大多数高校学生一直都陷于基础学科的认知误区中，将过多的学习时间和精力放在专业课程上。这种认知误区使得其根本没有能力从高等数学的知识体系中挖掘出实用价值，逐渐失去对课程的学习积极性，甚至加深对基础性学科的错误认识，并把负面影响扩散至其他基础性学科。

当然，这种认知误区不仅仅是存在于学习者中，教学者同样存在对高等数学史的认知误区。对于在教学过程中渗透数学史，高校的很多教师都无法表示赞同的观点，甚至是抗拒的。

高等数学课程的内容和课时有限，在非数学专业中高等数学教育很大程度只是为了应付教育政策的硬性规定。因此加入新的教学内容对教学者而言无疑是在增加额外的工作负担，极大地抹杀了教学积极性。

另外，在高等教育阶段的基础性学科的学习，没有了中学阶段在学习需求和目的上的统一性。高等数学作为高校学生升学考试的必考科目，一部分打算接受更高层次教育的学生自然会产生更高的积极性，而另一部分没有这个发展规划的学生就无法表现出相同的积极性。而在师生沟通和熟悉程度不够深入的大学校园，教学者很难清楚地了解每个学生的人生规划，依然沿用老一套的高等数学课程完成政策要求。

实际上，高等数学原本就起源于应用，如今的许多工科的专业知识体系都是其延伸和分支，只是大部分学生被枯燥的定理和公式遮住了发现的眼睛。而高等数学史教学就是要让高校学生加深数学理解，弄清高等数学的起源、发展及其作用，为高等数学教育教学提供新的改革角度和思路。

法国数学家庞加莱曾经指出："如果我们想预见数学的未来，唯一的途径就是回头望向这门科学的历史。"因此，暂时被乌云笼罩的高等数学教育教学需要适当地引导教学双方回顾历史、研究历史。

定理和公式是高等数学的知识体系的基本构成要素，如果在高等数学教材或教学活动中穿插适量的历史内容，是一种为学生揭示抽象概念本质的有效方法。相比于不断重复地展示定义、公式、定理的推导过程，采用这样的教学方式可使得学习者个体的认知结构与既定的教学方法产生冲突，更容易产生新的学习动力。

此外，问题是数学的核心，在培养数学人才时，应该把问题置于更高的地位。高等数学发展史的内容即是各个时代阶段的数学家如何来回答不同阶段的问题，牛顿和莱布尼茨回答的是极限的求解问题，达朗贝尔和拉格朗日回答的是微积分的精密度问题，欧拉回答的是微积分的通用问题，傅里叶回答的微积分的应用问题……

总之，只有在高等数学教学过程中渗透数学史，才能使数学问题在学习者意识里占据主体地位。

数学的发展并不是一帆风顺的，只有通过回顾历史，才能使学生看到这些艰辛的探索过程，以及数学家付出的血与泪。这些都包含着思想政治教育元素，为培养个体的精神世界提供了条件和教学素材。正如中国教育家孔子所说：“见贤思齐焉，见不贤而内自省也。”高等数学史让学习者看到先贤，从而得到德行上的提升，这即是高等数学教育教学的改革核心所在。

第二节　高等数学思维及文化观

根据心理学研究表明：尽管人们的学习环境与天赋不同，但都会在某种程度上存在创造的需求和潜力。而高等数学学习的真正含义也并非公式和定理单纯认知，更重要的是要从中获取高等数学的思维，将其使用在各个方面，最终落于实践，这亦是现代高等数学教学的最终目标。

一、数学思维特性和品质

数学思维是人脑与数学知识体系（空间形态、数量关系、结构关系）之间的桥梁，是以一般思维规律为起点理解数学知识体系的内在理性活动。因此，数学思维不仅具有一般思维规律的基本原则，同样包含着数学学科特性。主要表现在思维活动的演绎上，将客观存在的事物本质以数学独有的知识特性和操作方法揭示。而所谓的知识特性就是作为思维载体的数学语言的简洁性和准确性，数学形式的符号化、抽象化、结构化倾向。由此可知，数学学习或研究应视为数学思维过程和数学思维结果的综合。

换言之，数学思维始终在不断运动，而数学知识本身是静止的，因此，数学知识是数学思想的产物。数学思维作为数学知识的抽象意义，具有内容和表现形式的抽象性、结论的准确性、推理和结构的严密逻辑性以及在生产、生活和科研领域的应用广泛性等特点。但在数学思维过程中，抽象逻辑思维和数学知识的表达不是一对一的单射，而是综合运用抽象思维、形象思维和直觉思维的多对一的满射。只有通过各种思维形式的协调运用，数学家才能灵活发现新的数学知识，解决新的问题。从一般思维特征与数学学科特性相结合的角度切入，数学思维的特征主要包括概括性、问题性、共性。

（一）概括性

数学思维的概括性是指数学思维可以揭示不同事物之间的形式结构和数量关系，这些本质性质和规律可以把握某种事物共同的数学属性。思想的概括还在于其灵活性，它允许主体从一切事物相互关联的事实出发，不仅得到普遍的必然联系，还将其联系扩展为类似的现象，即通过应用已知的数学关系来解决相关问题。数学思想的普遍性和数学知识的抽象性是相互外在、内在、因果的，概括的程度可以反映思维活动的速度、广度、深度、灵活过渡程度和创造性程度。学科数学概括水平的提高是数学思维能力发展的重要标志，数学思维方式的形成是数学思维方法的学习过程，模型和方法的应用可以说是数学思维转移的结果。

（二）问题性

数学思维问题性与数学知识问题有关。美国数学家哈尔莫斯认为，每个定理、证明、概念、定义、理论、公式、方法都不是数学的核心，只有问题才是数学的核心，数学科学的起源和发展是由问题引导的。

从问题的解决开端来看，每个时代阶段发现的数学知识体系要素都是当时数学家解决数学应用问题成果的集合体，微积分源于解决物理定理无法量化的问题，最终才得以发展。

从问题解决的过程来看，数学思维是通过数学问题完成抽象和具体的转化。因此，数学思维就是在不断地提出、分析和解决问题的重复使用中渐渐形成的，微积分学在经历无数次问题解决的过程后变得完善和精确。

从问题解决的结果来看，数学思维最终形成了一套问题系统和定理，以掌握问题对象的数学性质和关系结构。

因此，问题是数学思维目标的外在表现，解决问题的活动是数学思维的中心。这一特点在数学思维中的表现比其他一般思维更突出、更强烈。

数学思维的本质是注重问题的分析、解决、应用和推广，解决数学问题的思维过程是数学问题的转化过程，概括、扩展和应用数学问题的过程是发现和解决新数学问题的过程，也是数学思维的深化过程和数学知识的发展过程。

（三）共性

数学思维的共性是指思维的一般客观规律在数学思维活动中的反映。高等数学研究方法中的联想、类比、归纳和推理都是利用数学思维的共性探索数学规律和完善高等数学知识体系。数学思维的共性是普遍的，更是个体的创造力的源头和基础。纵观数学科学的发展史，数学思维的共性已被时间所验证。例如，相隔万里的牛顿和莱布尼茨二人几乎同时独立地发现了微积分，这绝非偶然，而是必然。事实上，数学的发展就是思维从个性到共性的过程，也是逐渐形成思维活动规律的需要。

解决数学问题的基本思路是研究客观事物的数学关系和结构形式，从解决的问题中总结出思维方式，然后根据已知的数学模型处理类似的问题，从而形成新的数学模型。在高等数学的知识体系中思维的共性具体是指知识体系中许多相似的概念、定理和方法，例如拉格朗日中值定理与柯西中值定理。在数学问题的解决中，思维的共性则是对数学问题的条件和结论之间矛盾的分析和转化。因此，相似性是数学思维的一个重要特征。

数学思维的三个主要特征是相互关联的。这些问题具有共性和相似性。一般性是问题和相似性的基础。相似性是对问题本身及其相互关系的概括。在具体的数学思维过程中，这些联系扮演着不同的角色，思维主体必须有意识地使用它们。

除此之外，还应该注意到数学思维不是一种孤立的心理活动，而是多种思维品质的相互渗透、相互影响、高度协调、合理构成的产物。具体表现如下：

1. 广阔品质

思维的广阔品质即思维的广度，代表着探索能力的涉及范围。具体表现为思维途径高度联通，从多个角度看待问题，能全面地分析数学问题，采用多种方法研究数学问题。正是由于数学思维具有多维度的广阔性，才使得数学得以跨学科，去改造现实世界。从远古时代的结绳计数到现如今的人工智能技术，数学思维的广阔性一直推动着人类文明演变。

2. 深刻品质

思维的深刻品质是指其意义的深远程度和潜在价值的纵向空间。具体表现为使用数学思维的抽象概念为客观事物本质带来更深层次的解释，将数学的知识体系升华至绝对高度，超越时空界限，永恒的存在。

3. 灵活品质

思维的灵活品质是指思维活动的灵活程度，思维形式的多变程度。具体表现为数学知识体系的融会贯通、自成一体，在面临纷繁错杂的现实问题时，足以根据变化调整思路、变换思维形式。在解决数学问题时，对具体问题作具体分析，是数学思维的重要特征。

4. 敏捷品质

思维的敏捷品质是指思维活动的响应速度和熟练程度。表现为思考问题时的敏锐快速反应，这一品质在数学思维中尤为突出。数学思维的严密逻辑结构和准确性令个体直指问题的结果。

5. **独创品质**

思维的独创品质是指思维活动的创新程度。具体表现为利用数学思维思考和解决数学问题的非常规之处，善于发现问题、引申问题是思维独创品质的标志。此外，数学思维的独创品质蕴涵于各种思维形式之中。

6. **批判品质**

思维的批判听过是指数学思维活动中独立分析和批判的程度。具体表现为将质疑意识始终贯穿于问题提出、问题分析、问题解决整个过程。对于问题的提出，数学思维的批判品质总是能够探索到新的切入点，在模糊的现象里第一时间内嗅到问题本质所在。对于问题的分析，数学思维的批判品质会保证分析的彻底性和渗透性。对于问题的解决，能够基于得到的结果进行回顾和反思，不断提出新的问题，进行下一次的思维活动，逐渐完善和优化数学知识体系。由此来看，思维的批判品质是完成数学创造的前提。

7. **突发品质**

思维的突发品质是指在创造活动中，问题的新现象和新猜想，往往在“灵感”作用下突然顿悟产生，具有突发品质。尽管数学思维归属于理念思维，但又需要感性思维的支持。很多时候，数学知识体系的新的发展都得益于思维上的突发品质。

8. **价值品质**

思维的价值品质是指数学思维具有一定实现社会和个体价值的品质。利用数学思维研究问题的最终目的是取得数学知识体系上新的成果，而这些成果又是价值的载体。

9. **跨越品质**

思维的跨越品质是指数学思维的前进跨度能够突破现实条件，在抽象和具体之间完成转化。跨度越大，数学思维就能够为知识体系起到更大的积极作用，使现实世界与高度抽象的数学概念紧靠在一起。

10. **整合品质**

思维的整合品质是指对与事物相关的数学知识体系隐含的信息进行综合加工、概括、整理并运用的思维品质。数学思维深厚的整合品质在大数据时代展现得淋漓尽致，只需一个或多个的数学模型就足以把海量的信息按照严密的逻辑进行处理和整合。

二、高等数学思维

（一）归纳思维

高等数学中的归纳是人类发现真理最基本和最重要的思维方法。世界变革的前提是把握事物的规律。思维引导是把握规律的方法论。法国数学家皮埃尔–西蒙·拉普拉斯（Pierre–Simonde Laplace，1749—1827）指出，数学真理发现的主要工具和手段是归纳和类比。归纳法是根据对许多个别事物的经验认识，通过多种方法总结原理或定理的推理方法。这是一种观察推断所有物体具有相同属性的方法，某种物体的单个物体具有属性。也就是说，归纳思维是一种抽象思维，在许多事物中寻找相似性和根源。更直接地，从复杂而特殊的具体例子中总结出简洁而一般的结论。

从高等数学和计算的发展历史来看，许多新的数学概念、定理、规律以及其他形式都要经历一个积累经验的过程。通过大量的观察和计算，可以得到他们的共性和本质。因此，牛顿根据前辈的经验总结了“流数术”定理，莱布尼茨总结了无休止序列运算的计算算法以及古希腊的穷竭法，寻找到定积分的计算法则。此外，伯努利可以根据常 1 阶和常 3 阶系数的线性齐次微分方程（n 阶导数、多条件拉格朗日乘式等）的一般解的结构和解来确定 n 阶常系数的线性齐次微分方程的一般解结构和解。通过一元微分计算法则推导出偏导微分的链式法则和隐函数微分计算法则。从普通方程的解的结构，推导出线性方程解的结构，等等。最终，归纳思维在不断成功实践应用后上升到理论高度，被列入数学分析的知识体系，即数学归纳法。

（二）类比思维

类比思维是通过比较两种不同本质事物之间的规律，将知识从一种熟悉或掌握的特殊事物转移到另一种特殊事物的推理方法。如果两个对象系统中的几个对象之间的关系一致，或者几个对象之间存在一对多异构关系，则可以对两个对象系统进行类比。类比思维为人们的思维过程提供了更广阔的“自由创造”空间，成为科研中极具创造性的思维形式，受到许多著名科学家的关注和青睐。比较典型的就是，利用函数就可以将微积分中的极限、连续、导数、微分、积分、级数以及微分方程全部连接在一起，从而可以总结出线性算子理论，与线性代数建立起联系。

在求解几种积分形式的微分方程时有丰富的类比，一元及多元积分（点与线或线与面的关系）、级数（平均简单项之和）、广义积分（相似收敛发散概念和相似判别方法）、各种中值定理、微分与积分的几何类比包括物理类比，都包含着类比性。著名数学家、教育家波利亚说：“类比是解决高等数学中平面几何、立体几何、物理问题的重要指南。”因此，在教学过程中应注意引入类比教学活动，使学习活动更加具体生动。

（三）发散思维

发散思维，又称扩散思维、辐射思维、求异思维，是指在一定程度的思维基础和知识认知水平上，在不引入新知识的前提下，仅仅是通过多角度、多方向的思维延伸，进行新的探索。所以发散思维是创造力的一个重要来源。

发散思维最早由武德沃斯于1981年提出，经过较长一段的研究后，发散思维已经取得了相当可观的成果。而数学发散思维具备以下一些特征：

首先，数学发散思维最明显的特点是发散性和可变性。在思考同一个数学问题时，不应该急于统一思想，而应该提倡思想的自由发散。它的思维特点是首先提出不同的假设和不同的解决方案，然后通过筛选找到科学合理的依据，最后得出可靠的结论。尤其是对于逻辑缜密、结论可量化的数学学科，发散思维的落地更是困难重重。

此外，由于数学本身具有可变性，发散思维还可以作为那些已知的数学定理和数学方法的发散点，去发掘知识的未知潜力，以及补充知识的空白、漏洞。在高等数学的发展史中，正是数学家们敢于想象未知，敢于怀疑已知，提出反对意见，打破陈规定型，最终才推动整个高等数学体系的发展。所以数学发散思维具有自由和延伸性，并且十分强调可变性。

其次，数学发散思维的第二个特点是流通性，回顾微积分的发展，发散思维起到了关键的推动作用。正是因为数学发散思维具备流通性，使得大脑对数学知识信息进行分析、处理和重组的速度呈现出倍数的叠加。在高等数学教学中，提倡发散思维的培养，以提升解决数学问题的能力。

再次，数学发散思维的第三个特点是灵活性，意味着思维形式可以不受固定格式的限制。它能够横向扩张，亦能够纵向深入。它反映了数学发散思维的数量特性，在潜移默化之中提升思维的机制多样性，在解决和研究问题时迸发出思想火花。

最后，数学发散思维的第四个特点是独特性。独特性是指独特而新颖的思维方式，产生非常规的问题解决方案、创造卓越的强大思想机制。它反映了数学发散思维的质量特征，并突出了一个“新”字，数学发散的本质也就是创新。因此，数学发散思维是创造性思维的重要组成部分。

（四）逆向思维

思维本身是双向的。不仅能够按照普通的逻辑思维方向去探究真理，也能够换一个完全相反的方向去探究真理。一般来说，人们把惯性思维的方向称为正向，即通过论据去获取答案。把非惯性思维的方向称为逆向，即需要从结果出发并回到结果。尽管两种思维在本质上没有任何区别，但人们总是将逆向思维视作一种新的思维。在日常生活的思维活动中，逆向思维很少被提及或使用，但在高等数学领域，逆向思维的价值甚至高于正向思维。整个高等数学的开端就是逆向思维在起作用，假如莱布尼茨不使用逆向思维来研究积分和微分之间的关系，就根本不可能找得到积分的计算法则。

所以，在数学教学过程中，教育者必须明白逆向思维的重要性。如果出现瓶颈，应该反其道而行，去思考不可能。当逆向思维突破了习惯性思维的框架，克服了思维的局限性时，它就是创造性的。当然，对于中国而言，逆向思维显然没能深入人心。要改变这种惯性思维至上的现象，教学者要能够拿出一套合理、完整的教学策略。

（五）猜测思维

所谓数学猜想，是指基于一些已知事实、资料和数学知识，对未知量及其关系提出预测性结论。它是研究数学、发现新定理和创造新方法的一种手段，也是数学知识本身就存在的一种方法论。在数学分析中，反证法、假证法的重要性不言而喻。假设是一种合理的推理，它补充了论证中使用的逻辑推理，这从许多经典的数学定理推导过程就可见一斑。另一方面，预测尚未完成的数学问题也是寻找解决问题的思维策略的重要手段。纵观高等数学发展史，正是因为那些伟大的科学家都认识到，猜想不仅是数学分析方法论的关键组成部分，更是一种高效的思维方法，才会使得高等数学不断朝着深入的方向前行。

在教育过程中，猜想思维的培养必定来自教育双方。在传统教育理念的影响下，国内的学生被应试教育固化了思维，对猜想思维的认识只是浅尝辄止。教育者应该引导学生迈出猜想思维的第一步，带着猜想思维设置课程任务，让学生真正体会到猜想思维的实用性，变得敢于猜测、善于质疑，这是猜想思维能够成功的关键所在。

三、高等数学的文化观

怀尔德是全世界第一位系统地引入数学文化概念的学者，他的两部经典著作《数学概念的进化》和《作为文化系统的数学》基于文化生成理论和文化发展理论而提出了数学文化系统理论。他在书中指出：数学是一个文化系统，通过内部和外部组成部分的共同作用不断变化和更新。怀尔德的观点认为，数学文化是由数学传统和数学知识构成的。随着二者的不断推进，数学文化被予以更深的内涵。

美国著名数学历史学家、数学教育家克莱恩认为，数学始终是人类文明进步的重要力量来源，也是人类理性思维的结晶。所有关于理性的事物，数学都高度参与其中。所有的基础学科的构建，更离不开数学知识、理论的支撑。数学不仅闪耀着人类智慧的光芒，也充分体现了人类对真理无限追求的精神。

文化本就带有抽象性，关于其定义的讨论众说纷纭，目前还没有一个可以被普遍认可的、统一的“数学文化”定义。但从上述两位学者的观点不难看出，数学文化呈现出开阔性、多样性、变化性。至少可以确定，数学文化没有具体的主体客体区分，也不是简单的社会人文学科的文化概念就能够解释的。

结合高等数学发展史的内容，可以将数学文化的本质总结为：人类通过一种具有自身独立语言、方法论、思维模式以及精神的学科，来理解与改造世界。它是由数学在社会历史实践中创造的物质财富和精神财富的积累，是数学与人类文化的结合。只有在人类文化的背景下，数学文化才会获得真正的意义。

简而言之，狭义的数学文化可以概括为数学思维、方法、立场和语言，以及数学的起源和发展。广义上，数学文化是指数学家、数学史、数学美与数学教育、数学发展中的人文因素以及数学与跨文化的关系。它是一个具有强大精神和物质功能的动态系统，涉及数学思想、知识、方法、技术、理论等衍生出的文化领域，涉及人类生活的方方面面。正因为数学无处不在，数学文化才具有以下几个特点：

（一）抽象性

高等数学创造之初，就展现出高度的抽象性。正如“用之不尽，取之不竭”的极限概念，没有运算法则的诞生，人类几乎永远无法将这个概念具体化。实际上，在每一次的高等数学计算中，抽象性就会展露一次。

物质的具体性总是短暂的、不完善的，而抽象概念却是永恒的、完美的。虽然高等数学的抽象性难以理解，但其优势却是具体性无法企及的。在高等数学的抽象世界里，不需要体现确切的数量关系。两个完全不相关的具体物质却可以用同样的数学公式建立起关系。这样的例子比比皆是，也正是数学抽象性的奥秘所在。

（二）确定性

虽然数学具有高度抽象性，但追求却是一种完全确定、完全可靠的知识。即以一系列抽象的数学定理和概念为起点，为其下一个准确的定义，再经过完全严密的逻辑推导得出准确的结果。这不仅是数学确定性，这也是该学科的吸引力所在。在高等数学发展史中，数学的确定性就是真理的标准。在微积分诞生不久，其不确定性成为外界冲击高等数学的有力武器。非欧几何、四元数理论、集合论悖论的提出让数千年来积累的真理地位险些崩塌，也使得数学丧失了揭示客观世界的“真理性”。

（三）传统性

数学文化总是植根于民族，在某些特定意识形态和特定的历史阶段展现出不同的影响力。正如数学思维的特性那样，中国古代数学史上循规蹈矩的思维方式依旧被保留下来。现代数学体系的研究中，国内学者总是展现出严密的逻辑性。而擅于使用创造性思维的西方数学家们，同样将这种思维特性保留下来。但由于缺少逻辑上的严密性，其研究成果总是缺少稳固的理论。这在高等数学的发展史中就有体现，微积分因为缺乏严密性，从未缺少质疑。即便是在高度开放的今天，数学文化的传统性都没能被打破。

（四）渗透性

作为一种实用性极强的文化体系，数学文化可以通过将虚无缥缈的抽象数学精神转化为深刻具体的价值，从而彻底地转变人类的观念。这使得数学文化带有极强的渗透性，通过外在的表现侵入，对内在的精神世界进行改造，这也是数学教育教学的最终目的。对于当前学科交叉愈发频繁的学术界来说，数学文化的渗透性显得愈发重要。但需要注意的是，数学文化只有当外在表现具备足够影响力的时候，才能够表现出渗透性。正如马克思所说："只有将数学运用好，才算是真正达到了这门学科的完整水平。"

（五）哲学性

哲学起源于数学，数学又起源于哲学。所以在数学的知识体系中，哲学关系一直发挥着作用。从哲学的视角来看，积分与微分正是一对矛盾关系，而矛盾的不断转化推动着数学知识不断向前发展。从数学的视角来看，矛盾关系实际上也就是数学问题的提出与解答。数学为哲学提供了方法论，哲学为数学指引正确的方向。总而言之，数学文化的哲学性并非强加，不过是学科发展的必然结果。

（六）美学性

在定义上，美学性被规定为：平衡是一切美的前提，美是事物内部与外部、部分与整体的统一，科学与艺术的不断追求就是寻找平衡和统一。数学文化的美学性要求则尤为苛刻，由于学科知识上的特点，数学对平衡和统一的追求达到了极致，为数学提供源源不断的发展动力。因此，数学文化的美学性具有多样化的表现形式，包括意象美、创新美、简约美、统一美、奇异美。

1. **意象美**

高等数学中概念基本都是抽象的，学生很难理解。但在这种抽象被转化为具体时，大多时候却带有更强的不理解性。所以在教学中，若抽象转化为具体的情景设置得不够合理，反而会适得其反，让学生对数学概念的理解出现错误。在高等数学的教学中，定积分的几何意义就是一种抽象和具体的转化方法，但教学者如果没有设置正确的情景，极易令学生陷入迷茫。而在微分方程的物理应用上，抽象概念反而比具体概念更容易传授，学生更容易体会到其中的意象之美。

2. **创新美**

整个数学的发展就是学的追求过程，数学家毫无例外地成为追求者。事实上，学更是数学知识的一种标杆和评价。在研究新的数学知识时，数学家们有意识或无意识地应用美学原理。量子力学的宗师狄拉克如是说："我不是想直接解决物理问题，我只是想找到漂亮的数学。"如果数学方程的函数图像不够美，那就表明存在缺陷，也意味着理论存在不足，需要进行更为深入的研究。由此可见，数学美的作用甚至比数学实验来得更为直观和高效。

另一方面，寻找最漂亮、最简洁的证据是学习数学的主要动机。拉丁谚语"美是真理的荣耀"，这意味着通过美，探索者才能真正背靠真理，再通过理论实质给予深刻的启发，完成数学上的创新。要想培养高素质的创新人才，教学者需要向学生灌输美的概念。

3. **简约美**

数学家以最容易令人理解的形式表达自己的工作成果，这是数学美学中最重要的特性。基于此，人类发明和创造了数学语言，利用一些符号就可以简要地表达复杂的数学理论和概念。利用一些公式，就能够体现数学理论和概念的正确性、有序性、通用性、简洁性和合理性。例如，函数极限的解析定义带着模糊和不确定，但通过数学语言的公式和符号，就能够为极限提供可靠和简洁的依据。很多学过微积分的人都能够体会它的完美，称赞它为最严谨、最精致、最美的语言。在数学教学中，教学者应该将数学的简约美体现出来，引导学生去寻找最为简便的解题思路或方法，去感受数学简约美的真正魅力所在。

4. 统一美

数学的统一美是指不同数学对象或同一对象内部不同构成要素之间的共通的规律与性质。欧拉公式之所以被称为美学的最高峰，就是因为其将微积分和看似毫无关系的数学分析建立起联系，创造结合的可能性。正是欧拉公式的诞生，使得高等数学数百年的成果如此和谐有序，更没有令其他学者的付出白白浪费。

实际上，在欧拉公式之前，就已经无数次验证过，数学的发展是一个逐渐统一的过程。统一的目的也正如希尔伯特所说：“数学的任何真正进步都与发现更强大的工具和更简单的方法密切相关，这些工具和方法也有助于理解现有的理论，并将陈旧和复杂的事物放在一边。”正如数学语言的创造，留下统一的主体，将烦琐复杂的定理摒弃。换句话说，数学的统一也是该学科不断进步的标志。

5. 奇异美

数学中的许多理论都可以非常直观地表达出来，让人一眼就能看到实质。但也有一部分理论，却又与直观感受相背离，让人一叶障目不见泰山，被直观感受欺骗。这就是数学奇异美的绝妙境界，引得无数学者追求这种美。

数学家徐利治表达了对数学奇异美的理解：“奇异是一种美，以数学函数为载体。”狄利克雷函数和魏尔斯特拉斯函数的美恰如一幅神奇的抽象画，既奇怪又奇妙，将数学家的想象力和创造力像艺术家那样展现出来。与此相反，数学家皮亚诺构造的“皮亚诺曲线”，反倒让人感受到数学的“非常规的美”。

（七）自我完善性

汉德尔说过：“在大多数的学科中，后人的发展总是要以前辈的牺牲为代价，唯有数学，它的知识体系像坚不可摧的树干，新的数学理论创造就像是这棵大树自然的开枝散叶。”几千年来数学的文化发展充分说明了这一点，例如数域的扩张，在数域的第一次扩张中，界定了自然数的范围。而在第二次的扩张中，自然数的实际范围并未发生改变，只是用正分数来填补了数域。正是正分数的出现，非负有理数呼之欲出。第三次的扩张随之发生，将负有理数添加到非负有理数集合中以形成一组有理数。在第四次的扩张中，将无理数添加到有理数集合中以形成一组实数。在第五次的扩张中，将虚数添加到实数集合中，形成一个复杂的集合。每次数值领域的扩大，都是数学理论自我完善的过程。在高等数学的发展中，数学的自我完善性展现得淋漓尽致，积分到级数的出现，正是微积分学自我完善的过程。

教学者可以在教学中利用自我完善性来强调和解释数学基础的重要性，让学生找到学习数学的正确途径。

第二章　高等数学教育及教学概述

第一节　高等数学教育教学的功能

随着知识经济时代的到来，大学教育和教学不可避免地扩大传播和普及范围。提高国民教育综合素质必将是社会主义新时期的主题，因此，大学数学教育必须体现其独特的功能和在素质教育中不可替代的地位，高等数学是大学数学教育的主要内容和教学主题。如前一章所述，高等数学是培养和提升思想和思维能力的重要途径，也是学习应用科学技术的先决条件。特别是在这个数字技术时代，在各行各业的激烈竞争中，如何更好地掌握高等数学中蕴涵的知识和思维方式，已成为当代大学生学习能力的重要体现。

一、专业知识的传授

目前，高等数学被认为是艺术、科学、工程、林业和医学教学中最重要的基础课程之一。纵观高等数学的发展历史，高等数学一直以来都是其他相关专业的理论支撑，可见其广泛的应用范围。而在现代社会，越来越多的人意识到高等数学是一种重要的工具或方法。著名哲家弗朗西斯·培根指出，数学是打开科学大门的钥匙，轻视数学将对所有知识造成损害，因为轻视数学的人无法掌握其他科学知识并理解一切。毫不夸张地说，一门学科只有在成功使用时才能真正发展。

通过高等数学教育和教学，学生可以获得一元函数计算、多元函数计算、无穷级数和常微分方程等基础知识。在知识教学中，通过用数学方法解决实际问题的训练，可以逐步培养问题的抽象概括能力和逻辑推理能力，为后续课程的学习和现代科技知识的获取奠定必要的基础。例如，在生物学的人口、生命空间、食物链和其他精确计算中，高等数学成为唯一的计算方法。而在物理学中，高等数学和各种模型的计算密不可分。例如，导数可以搜索力的线性运动速度，定积分则能够计算力沿直线变化的功，总而言之，在速度、加速度、力、体积、面积、惯性矩等方面，都离不开高等数学的应用。在对社会的具体贡献中，高等数学不仅在航天和计算机科学领域发挥了非常重要的作用，而且促进了物理和化学等衍生学科的发展和完善，它在人类社会的发展和历史文明的进步中发挥了不可替代的作用。由于社会发展的需要，大学生参加研究生考试的比例很大。在学术要求较高的研究生阶段，高等数学几乎提供了所有的数据支撑，成为一门非常有用的基础学科。具体而言，高等数学专业知识的重要性主要体现在以下几个方面：

首先，高等数学指示着学科发展与教育发展的总趋势。大自然是对立统一的，起初，人类会从统一的角度来观察和理解自然。后来，由于生产力的发展，人们需要加深对客观世界的理解。随着欧洲资本主义的兴起，人文科学和自然科学逐渐分离。自然科学和技术领域的一系列重大发现和成就极大地推动了社会的物质文明，反过来，人类对其不同领域和类别的研究越来越深入，分工越来越专业，从而形成了广泛的学科分支。甚至自20世纪以来，科学技术取得了更辉煌的成就，在社会经济发展中发挥了决定性作用。与此同时，人类面临的问题更加复杂，许多重要问题往往无法归纳为几个学科，包括自然科学和技术问题，以及人文和社会问题。在这种情况下，近几十年来，人文科学、社会科学、自然科学和数学科学等多学科催生出许多交叉融合的学科，形成了许多边缘学科，取得了大量有影响力的成果。这表明，学科之间的内在统一正在逐步得到更高水平的认知，这种认知已然成为一种物质力量。毫无疑问，在知识经济的催化下，统一的趋势将得到更快和更广泛的发展。

在教育方面，根据学科的发展，重视人文社会的传统教育逐渐演变为注重自然科学现代教育。近代以来，自然科学技术在19世纪后迅速发展，学科门类不断增加，工业社会日益趋向于精细的专业化和分工，人文社会科学与自然科学技术分离，因此“职业教育”的理念应运而生。近几十年来，由于现代科学技术的迅速发展，出现了高度分化和综合的趋势，这需要科学技术的结合，艺术与科学的渗透，人们的思维方式开始优先考虑综合分析。

在这种情况下，人们逐渐认识到，高等教育不仅要进行广泛的“职业教育”，以培养专门知识、技能和能力，而且还要进行“通识教育”，以提高人们的基本综合素质。“通识教育”的基本要求是坚持人文社会科学教育与现代科学技术教育相结合的综合教育。这一大趋势符合知识经济社会对高素质、高智力人才的需求。国内一些学者提出“坚持人文精神、科学素养和创新能力的统一是现代大学教育的主要核心”，而“教学、科研和产业相结合是现代大学办学的基本途径”的观点正是对这一趋势的呼应。特别是，由于计算机的出现和迅速发展，各学科的量化趋势促进了数学与其他学科的结合。在这种情况下，数学本身的统一，除了体现各学科的相互渗透外，还反映了对连续性和离散性、线性和非线性、量化和表征、确定性和随机性的统一研究。随着统一趋势的发展，从科学技术到社会人文学科对数学的需求总体上有所增加。在大学数学教学中，要适当增加基础知识的内容，加强数学建模能力，更好地体现数学的人文内涵。

其次，学科发展的可变性和教育发展的持续趋势。在知识更新迅速的今天，每个参与科学研究和教学的人都会有深刻的经历。在知识经济社会，知识更新将进一步加速，人们用“知识爆炸”来描述其发展速度。体现知识系统化的学科的特点是其发展的可变性，特别是技术性和专业性更强的学科。从高等教育的角度来看，由于知识的扩散和专业学科的多样性，任何大学都不能教给学生全部甚至大部分专业知识。任何从大学毕业的专业人员都必须继续学习，否则就会落后。此外，随着社会物质文化生活水平的不断提高，“终身教育”的变革已成为社会发展的需要，择业自由日益增加。因此，传统的教育只针对年轻人的观念明显落后于时代，在参与社会之前只完成一次学校教育的传统模式需要迎来新的改变，它必须逐渐进入一种需要和利益相关联的“终身教育”。通过这种方式，大学教育是最初的职业教育转变为终身基础教育的重要阶段。因此，原有的“职业教育”必须逐步转变为“素质教育”，即注重思想素质、文化素质、职业素质和获取新知识的能力的培养。在大学阶段，需要更广泛和更坚实的基础，特别是语言和数学基础，因为它们是人类交流和学习新知识的必不可少的工具。据此，我国高等教育改革强调“加强基础，淡化专业”的教育理念。

最后，展望数学的发展趋势和数学应用的普及趋势。可以发现，知识是人类对客观世界中各种事物及其运动的理解的总和。一切事物都有质量和数量两个方面，任何运动和发展都有两种不同且不断变化的形式：数量变化和质量变化。1964年，《苏联哲学百科全书》是这样定义数学科学的：这是一门抛开内容，只研究形式和关系的科学。换句话说，数学对象可以包括客观现实中的任何形式和关系。这个定义是恩格斯数学定义在研究客观世界定量关系和空间形式的科学的《反杜林理论》中的继承和延伸。在知识经济时代，专业知识的传授需要更全面、更科学、更好地反映数学与现实世界、数学和其他科学之间的密切关系。事实上，在一门学科发展的早期阶段，其概念和方法往往是定性的描述，很少有定量的数学表达。一般认为，一门学科基本概念和方法的数学表示和应用水平是其成熟度的重要指标。

二、思维方式的培养

数学是研究现实世界中空间形式与数量关系的科学，几乎渗透到所有自然、社会和边缘科学中，高等数学在整个科学体系中占有特殊地位。数学思维除了具有其他学科所不具备的高度抽象、严格的逻辑和广泛的应用要求外，还具有独特的创新意识。在教学中，通过高等数学思维方式的教学，培养学生的创新意识和能力，使学生受益终身。

（一）学习数学分析方法，提高解决问题的能力

数学分析方法适用于研究复杂、运动、高维度、多因素和无限过程的事物，在极限理论的基础上，“把困难变成容易”。也就是说，要研究的问题首先被分解成部分，复杂性变得简单，动态凝固变成静态，高维空间变成低维空间，无限大被认为是有限的，然后以最简单的形式近似表达，最后近似变成精度。这些高等数学知识本身的理论，同样被贯彻到日常生活中，将困难变成简单的想法仍然是找到解决我们今天面临的复杂问题的重要途径。

（二）领略解析几何思想，培养立体思维

在基础数学教育阶段，学生们已经开始初步接触几何与代数的关系，例如，在中学数学中，函数与几何关系、立体几何和向量关系。当然，这仅限于肤浅的理解。尽管如此，这些中学所学到的基础知识依旧可以在高等数学教学中起到重要的作用。由上一章可以得知，数学具有自我完善性。在基础数学学习阶段理解到的数形结合的本质，依旧在高等数学学习中发挥作用。

因此，在高等数学教学中，教学者首先要让学生了解解析几何的创新过程，明确思维是在积累大量知识的基础上不断改变思维角度，进行深度和广度的交叉思维。真正理解到高等数学是由一些看似无关的知识有机联系而形成的一种新的知识体系。

（三）研究数学拓展思维，实现认识能力的飞跃

在科学领域，一些概念随着发展而更新和丰富。同样，为了在更广泛的背景下使用这一概念，必须扩大最初的概念。为此，教学者可以从数学思维的扩展过程出发，引导刚刚接触高等数学的大学生在初始知识不足的情况下，从特殊扩展到一般的前提，是合理的假设。在原有的基础上加上新的规则，新的定义应扩大原有的定义，新的规则不仅应适应新的要素，而且还应包含适应原有要素的原则，从而保证科学性。在这方面，学生就会渐渐注意到，在保留的性质上，增加了新的内容，这些内容已成为全新的概念。所以教学者必须积极引导和培养学生大胆思考的勇气，提升思维兴趣，发展新思想和逻辑思维能力，以实现认知能力的突破和飞跃。

（四）运用数理统计原理，揭示预测未知领域

自18世纪以来，数理统计一直是一门普及率很高的科学。数理统计的原理是从问题的原始资料中，从量的角度揭示和研究随机现象，它是人们从直觉和经验到科学阶段的思维方式。它渗透到几乎所有的学科领域，成为人们的常识，唯有依靠数理统计，才能够将数据、经验转化为经济效益。不懂数理统计就无法应付这种变化的形式，特别是在信息爆炸和计算机飞速发展的今天，将数理统计原理与计算机的属性相结合，足以解决许多复杂和庞大的问题，在认识未知领域方面取得不可估量的成就。

（五）提高学生学习积极性

一些教学实践得来的直接经验表明，在施教时除了为学生展示数学定理的发展和数学理论的推导过程，更应该为学生讲述其背后的发展过程，

从而让学生从两个方面理解在数学的发展中命题和思维起到的重要作用。通过这种方式，使得学生真正认识到数学是一个动态的变化，思维是生命力的来源。教学者需要向学生传授、揭示思维的正确的程序，其应该从建立合理的问题情境开始，以形成数学研究的内在机制。

（六）建立良好知识结构的需要

教学者为学生揭示知识获取的思维过程不仅能够激发学习兴趣，还能为学生构建稳固的知识结构。一旦成功建立起良好的知识结构，学生就能够深层次了解高等数学理论和定理。从而加强学生的理解和记忆，真正理解数学，避免机械记忆和片面理解知识。

揭示知识获取的思维过程，是教学者为学生建立良好知识结构的前提。在高等数学中，将新知识与基本的知识联系起来的过程，即是知识获取的思维过程。比如大学生在学习微积分时，教学者可以根据他们在中学阶段接触的极限思维来揭示其思维过程。

（七）培养学生数学创造性思维能力的根本保证

翻阅高等数学教材不难发现，大部分的公式与定理都向学生展示出推导过程。为了响应过程式的教学，于是大多数的教学者，都只是把公式定理的推导过程照本宣科地强加给学生，这在本质上还是一种固定的结论式教学。例如在拉格朗日中值定理的传授中，学生只是死板地对推导过程进行记忆，在所谓的应用时也不过只是模板化的套用。但实际上，一个人数学素质水平绝不等同于对定理和公式的形式与数量关系推导的掌握，而是取决于挖掘推导时背后的思维过程。

三、以数学文化育人

高等数学教育是一门科学语言，是一切技术和科学的基础。它也是哲学的一个分支，帮助人们思考解决问题的方法。这也是学生理解自然的科学理性方式。但大学数学教学的目标使学生在日常探究中满心都是寻找答案、总结答案的技巧，没有空闲的时间去关注公式定理之外的事物。

“数学文化观”下的高等数学教育则要求教师在施教时贯彻数学文化，使学生认识到在晦涩难懂的数学内容背后蕴含着丰富多彩、奇异奇妙的文化世界。学生在认识这种完全不同的新世界时，就容易产生好奇心，从而激发学生学习数学的兴趣。更重要的是，学生可以加深对某些知识的理解和掌握。此外，数学文化与内容之间的渗透，使学生不仅能接受数学知识，而且能理解和掌握数学专业学生解决问题的方法和思路，理解数学家追求真理的坚强意志和精神。对数学思想和数学理性精神的理解，在人类社会发展的过程中，对提高学生的数学素质和学习品质起着重要的作用。

任何学科都有其特殊的教育功能。数学文化观下的高等数学教育功能，除了教学生掌握这一工具外，还应该利用文化来滋养学生的思想内涵。素质教育的开展始终绕不开文化这个核心，由此可见，数学文化具有极强的教育功能。

（一）有利于理性思维素质的提升与改善

理性思维的培养是高素质人才教育的必由之路，过往的教学实践证实，作为一种非常规、创造性的素质要素，理性思维的获得需要更为高层次的教学策略来实现，而高等数学教育恰好是理性思维最有效的学科教育。

许多具体的数学知识，尤其是高等数学知识，往往不是普通人可以自主获得的。但通过数学学习，阶段性地理解数学文化中所蕴含的思维方法，学生可以形成理性思维。在数学教学过程中，教师为学生揭示数学思维过程，使得理性思维的获得过程变得更容易接受和理解。

可以预见，在今后和未来的时间里，任何职业都需要组织思维、逻辑思维、严谨思维，高等数学的学习能够令学生终身受益。

（二）培养学生的应用意识

应用性是高等数学最典型的外在表现，也是最有效的教学评价方式。这一点，一直贯穿于数学教育的始终。尤其是对于重视应试教育的中国式教育，利用数学知识在解决问题时获取更高的分数，是教育双方默契的共同认知，数学这门学科极强的应用性早已深种。由此可见，中国学生对于数学的应用意识较西方学生具有优势。但同时，应试教育却又几乎堵死了应用意识的上升空间。或者说，这种应用意识仅仅局限于学校教育，应用范围也仅仅是局限于试题的解答，并非数学知识的学习存在不足，而是当学生走出校门，这种应用意识会随之崩塌。久而久之，数学问题的解决与社会现实问题的解决被彻底割裂。

实际上，数学在对世界的秩序化、形式化、结构化的抽象和定量的描述中，涵盖了演绎、推理、证明等解题的思想方法，融入了社会现象的解释方法及生活中的现实问题的解决方法。数学文化角度下的高等数学教育，就是要致力于重新建立数学问题与社会现实问题的联系，使学生认识到数学在生活中的广泛应用，提高学生应用数学的意识，培养其灵活运用的能力。

（三）修正学生性格特性

在一些学生看来，数学是抽象的、枯燥的、难以学习的，高等数学更是如此。此外，在数学的学习过程中难以长时间保持高度的兴趣。这是学科的特性，是无可避免的。但厌学和逃避的情绪传递时，很容易会对学生性格的塑造产生负面作用，也让数学文化失去教育功能。

在一些教学改革中，教学者千方百计地寻找和设计各种方法试图提升学生学习高等数学的兴趣，发掘学习动机。但这些特定的教育方法支撑下产生的学习兴趣很难维持，大多数学生都是“三分钟热度”，根本达不到修正学生性格的程度。

归根结底，是教学者低估了数学学科在性格塑造上的作用，只是带着目的去纠结于学习兴趣的提升。实际上，高等数学无时无刻不在强化坚韧性格的光芒。反过来，没有坚韧的性格也无法更好地学习高等数学。所以将数学文化贯彻到教学中，才能够使得学生源源不断地产生学习兴趣和动机，从而引起学生性格的变化。

（四）培养科学的审美观

人们对美的理解是不同的，但从文化的角度来看，可以把数学美理解为是人类理性的审美活动和智力活动，在更高的水平和更广泛的意义上发展审美文化。数学富含数学美，教学者要充分发挥数学的内在美学意义，让学生发现、感受美，培养科学的审美观。

通过数学之美唤醒学生对数学的好奇心，逐渐学会感知美，欣赏美，辨别美，创造美。数学文化教育促进美学与科学教育的结合，促进科学美学的形成。教学专家提倡的数形结合则就是科学审美观的典型培养策略，将高度抽象的数学定理转化为直观的图像，以降低高等数学审美门槛，让更多的人看到数学之美。

（五）有利于数学理性精神的培养

美国应用数学家M.克莱因在《西方文化中的数学》一书中指出：“数学是一种理性精神。”除了在物质世界的实践运用，理性精神亦丰富人类的精神世界。正是理性思维的存在，人类才能更好地改造世界，去创造世界。并且促使人类反思并回答自身存在的问题，尽力去探求和确立知识的最深刻和最完美的内涵。

对于数学理性精神的培养，则必须应该是由上至下的传播，倘若教学者的理性精神世界匮乏，学习者根本没有办法透过数学语言窥得精神世界。

四、高等数学哲学教育的实践

数学属于自然科学，思想政治教育属于人文科学。然而，很明显，人文科学和自然科学的结合和统一具备很大的可能性，针对性的创造性方案和教学方法可以将二者紧密联系。但如今的教学现状反映出来，尽管国家教育当局非常重视人文科学与自然科学在教材上的结合，以及人文科学与自然科学在教学上的统一，但完成度并不高，离目标相差甚远。

中共中央、国务院下发的《关于进一步加强和改进大学生思想政治教育的意见》明确要求，在基础自然学科教学内容中，应该添加和补充思想政治教育的占比。将自然学科的理性方法引入到思想政治教育，为现代思想政治教育道路找到新的方向。

关于数学的起源，一直存在“圣人制数说”的观点。而在《后汉书·律历志上》中也记载着“大桡作甲子，隶首作数”，这是中国古代数学第一次出现文字上的证据，也是数学思想得到上层建筑重视的证据。随着朝代更迭，数学被视作官学当中的六艺（礼、乐、射、御、书、数）之一。尽管排名在末，却也总算占到一席。直至私学开放后，数学开始挑战数千年的传统教育思想，时至《颜氏家训》中所著：“算术亦是六艺要事，自古儒士论天道，定律历者，皆学通之。然可以兼明，不可以专业。”有学之士逐渐显露出对数学的兴趣，数学思想得到发展。起点在于“太学”教育机制下开设“算学”考试，董仲舒在《对策三》中指出“算考问以尽其才”，用正规的考试制度来检查数学学习情况。此后，隋唐宋元数学思想兴盛时期，最有象征意义的表现是数学作为单独的学科被编入国子监，并授予“国学”之称，皇权正式承认数学。另外，隋炀帝开设“明算科”首次把数学作为考试科目，为数学学习者指明上升空间和学科的出头之路。据《隋书》卷二十八记载书算学博士为从九品，这足以证明数学的重视程度。至此，也是中国古代数学在政治上最突出的贡献。宋元时期我国古代一些大数学家，如杨辉、秦九韶，亦诞生了李治数学思想方法论。

数学在思想政治教育中的最高价值在于，将数学与思政方法相结合，重新整合数学的定理、公式以及计算规则和规律。因此，思想政治教育方法的应用有助于学生认识数学思维的本质，促进数学思维的发展，推动各级教育的改革。

第一，促进对事物本质的认识、数学思维本质的认识是高等数学哲学教育的重要目标之一，是应用数学思维的客观基础和对数学内容的辩证分析。在研究和分析微观积分的辩证性质的过程中，马克思和恩格斯认识到了微观积分的本质。在《数学手稿》中，马克思详细地描述了导数的概念，这个概念是由“否定”产生的。恩格斯在《自然辩证法》中指出：“微积分是数学中最活跃的变量，起点是数学应用的辩证法。”由此可见，理论微积分法只是辩证法的组成部分。数学的理论方法是从实践到理论、再从理论到实践的过程，实践经历理论过程，最后通过实践检验。数学思维方法在哲学的视角被看作为经验科学，它以逻辑的方式揭示和创造规则，使人们能够从数学的发展方式中理解数学思想的本质和规律性。

第二，将数学思维方法作为科学的工具和方法论，应用于自然科学、哲学和社会科学。精确的语言形式和精细的逻辑关系以及计算方法，是高等数学哲学教育实施的原则和追求目标。从定性描述到定量分析是高等数学哲学教育成功实践的标志，更是该学科成熟的重要标志。因此，运用思想政治的方法论，加强对数学方法论研究，了解逻辑思维的情境和规律性，实现数学思维功能，是高等数学哲学教育的正确走向。

第三，在高等数学哲学教育中进行高等数学知识和思想政治工作实践的总结，其基础是问题本身因素的理论特征、相关性等。辅以合理、科学、逻辑、准确的假设，以确保问题在准确、完整的框架内呈现和解决。

对于高等数学哲学教育中思想政治工作实践的总结，主要是针对思想政治教育在政府各部门、企业等发挥的激励和教育作用。此外，高等教育系统还通过社会调查、统计和其他方法，对不同的关系模式进行了各种各样的思想政治报告。在总结中可以发现，通过数学思想，不仅可以有效解决社会研究、政治工作数理统计关系等问题，有效和科学地解释历史现象的内在原因，还可以激发思想政治工作者的积极性。

因此，高等数学哲学教育在提高学生分析问题、解决问题、总结观点的能力，从而塑造全面发展的下一代上发挥着重要作用。把数学思想和思想政治教育学的实际工作与哲学和语言学的学生结合起来，使他们能够运用数学思想，提高思想政治素质和分析问题解决问题的能力，完善思想政治教育的总结过程。

第四，高等数学对政治思想的影响还包括促进各级各类学科的教学改革。随着现代教学思想的发展，自20世纪70年代以来，国外一些学校将数学的思想和方法推广到智力发展、人才培养、教学方法改革等方面，并取得了颇为丰硕的成果。数学思想方法教育是现代教学方法发展的显著标志之一，从接受性学习到发现性学习，从被动教学到自主学习，从解释性教学到发展性教学。围绕这些教学改革，出现了许多新的教学方法。例如布鲁纳的“发现法”、斯金纳的“程序教学法”、赞科夫的“实验教学法”、瓦根舍因的“范例教学法”等，在我国也有一些有益的研究，如陆忠恒的“自学法”、李世发的“单元教学法”等。

在不断探索的过程中，高等数学教育在思想政治教育中的主要作用逐渐显现：

（一）家国情怀的培育

作为自然与科学的基本工具，几乎所有的先进科学技术都可以与高等数学的专业知识相联系，高等数学也必然能够与近年来中国智慧的迅速发展相联系。因此，了解中国国情，建立特色的科学技术理论体系，对新时期中国特色社会主义思想进行政治认同，能够使学生感到置身于其中，直观的感受这一时刻具有重大的现实意义和历史意义。同时，大学生对民族文化和政治正确认同感是高等数学哲学教育教学实践的原则，而培养具有创新创业能力和跨学科融合能力的复合型人才是高等数学哲学教育教学的落脚点。

在高等数学哲学教育的教学实践中，教学者完全可以利用中国北斗导航卫星的研发过程作为案例，让学生深刻了解中国近几年的快速发展，了解未来的努力方向。需要注意的是，高等数学哲学教育设置的教学情景应该贯穿于高等数学教学过程的始终，让学生由外至内自然地加深对家庭和国家的情感，增强学生的民族自豪感和文化信心。通过对教学情境的思考，教学者应该鼓励学生自主地表达观点，对当前社会发展、个人人生规划以及如何实现民族伟大复兴进行独立思考。

另外，中国智慧在高等数学的专业知识中也占据着重要的位置。庄子在“流数术”出现的数千年前就已经领略到高等数学极限思维的精髓，而南北朝时期杰出的数学家祖冲之计算圆周率所采用的割圆术就开始将极限思维加以运用。高等数学哲学教育可以利用这些史实拉近学生与高度抽象的高等数学之间的距离，大大减轻其学习过程时的心理负担。

（二）国际视野的培养

信息时代的背景下，让更多的普通人看到了以前被人轻视的基础学科巨大的现实意义，也让更多的普通人通过一门基础学科与国际上最先进、最优越的技术接轨。目前，大多数理工科学生对人工智能领域有着浓厚的兴趣。而他们身边随处可见的高等数学中的数学分析与线性代数课程却在遥不可及的人工智能技术中占主体地位。通过对现有知识的理解，他们可以与以前不了解的人工智能科学技术建立起联系。这必将激发学生学习高等数学的兴趣，使其认识到基础学科的深入学习，足以应对全球化的机遇和挑战。

高等数学哲学教育的实践就是要提高传统教育中容易忽略的基础学科地位，让学生重视基础学科的学习，摒弃对衍生学科和边缘学科的过度追求，使得教学改革拨乱反正，重新回到正轨。

（三）工匠精神的培养

所谓工匠精神的培养，就是要发挥高等数学的文化底蕴，让学生从理性的角度重新理解和塑造工匠精神。在一些人文科学教学中，对工匠精神的描述总是浮于表面，学生根本无法确切感受和理解工匠精神的实质。而在高等数学中，微积分精密度的研究过程即是数学家工匠精神的体现。在高等数学哲学教育的实践时，教学者应该适度地在课堂上带领学生回顾微积分精密度的研究过程，使用数学语言向学生描述工匠精神的实质。辅以思想政治的教学方法，完成工匠精神的传授。

（四）人文素养的培养

在前面章节已经提及，数学语言带有极强的简洁性，尤其是在高等数学中，简洁程度趋近于极致。正如很多学生在接受更高阶段的数学课程后坦言："数学的最高境界根本不会出现数字。"不难想象，连数字都会随着学科的发展而消失，更何况文字。尽管在非专业的高等数学教学时，尚未达到这样夸张的程度，但这提示着教学者不应该将符号和公式作为教学的全部。而高等数学哲学教育就是为高等数学带来人文学科的修饰，为这门黑白的学科增添色彩。

第二节　传统高等数学教育的内容与方式

在传统教育教学中，教学者无疑占据着主体地位。在教学方法、教学内容等方面的设计上，都会围绕着教学者而展开。受教者则沦为客体，处于被动状态。在主体客体如此分明的情况下，教学就极易走向“填鸭式”“应试教育”这些误区。历次的教学改革，都默默地将受教者排除在外，即使应用现代技术，也只是加快了通往误区的步伐。

一、教学内容

高等数学教学内容主要来自教材。目前，高校的许多教材无论是在内容安排顺序上，还是在定理和公式的举证上都非常严格。然而，其中一些教材仍沿用几十年前的版本，只是章节顺序和课程数量上发生了改变，而在教学内容和设计方法上几乎原封不动地保留下来。换句话说，即使今天的学生使用几十年前的教科书，他们仍然可以没有任何阻碍地学习这门课程。

回顾高等数学教材的发展，可以看到教材内容与教育价值观的紧密联系。

从教学者的角度来看，在很长一段时间内，“理论为王”的教育价值观一直被反复提及，而高等数学教材的建设则额外地加重了理论基础内容，让整套教材看上去就像数学家的手稿一般，让学习者根本没有理解的欲望和能力。当“应用至上”的教育价值观被推上主流时，高等数学教材的建设却又大刀阔斧地删除了大部分理论内容，一味地加入教学案例的内容。但实际上，这些案例在今天看来根本不符合实际。例如在微分方程物理应用的案例设计中，编写者致力于将违背常识的应用强加于学生，使得定理和公式的学习陷入困境。

从学生的角度来看，许多学生根据研究生入学考试试题的变化来选择教材，甚至完全放弃经典教材，在市场上购买辅导书。尽管学生对这种轻视教科书的错误心知肚明，但缺乏改变现状的勇气和方法。随着时间的推移，高等数学教学的内容已经从教和学中分离出来。学生们只想要更快、更好地掌握知识，辅导书正好满足了这一需要，导致高等数学被淘汰的命运在所难免。

最终教学者在教学实践中不愿再一次又一次地重复高质量教材的重要性，辅导书可以提高学生解决问题的能力，获得学分，何不顺势完成教学任务减少工作量。

因此，国内高校开始尝试改变高等数学教育的价值观，以教学内容为目的，以学生的需求为价值主体，在传统教学内容中增加一些测试技巧。努力吸引更多的学生与教学合作，逐步改善高等数学教学的困境。然而，教材编写的研究人员采取了不同专业知识与高等数学相结合的方式，不再像过去那样所有大学生都使用统一的教材，而是将教材分成不同的方向来编辑相应的内容。

二、教学模式

目前，传统课堂教学依旧是高校最广泛使用的教学模式，课堂教学的全部内容来自教师的讲解，讲解与简短的谈话相结合，一节课往往包含相当多的知识点。还有许多大学，在现代教育的指导下，大学教师正在尝试引入一些教学模式，例如：专题讲座，适合前沿科学发展、新的热点问题的讲授；教师围绕研究课题的探索性教学设计一些指导性问题，向学生推荐相关参考书，让学生自己寻找解决问题的方法。然而，在传统教学思想的限制下，这种教学模式在大学高等数学教学中的应用范围并不广泛，甚至很少有讲座，而且一般都是科普性质的，教学模式没有系统性的改革策略。

高等数学与中学数学课程完全不同，一些应用于中学课程的教学模式不能应用于大学课堂。事实上，传统的教学模式非常适合高等数学这样高度抽象的基础学科。所谓的兴趣教学不仅削弱了高等数学的专业性，而且降低了教学效率。当然，传统教学模式下的高等数学课堂总是缺乏互动。教师根据教科书强行灌输这些乏味的概念和测试过程，学生长期处于不理解的状态，导致厌学情绪的产生，影响整个课堂的学习风气。

三、教学评价

传统高等数学教学评价一般从教学内容、教学方法、教学艺术、课程组织、教学效果五个方面开展。评价的方式通常有学生评价和专家评价两种，评价形式通常有诊断性评价、形成性评价和鉴定性评价。

普通高校教学评价工作的具体程序为：一是开展对教师教学质量的认定，在整个学期的教学结束后使用设计好的评价量表进行评价，根据得到的结果由校内督导组和学院领导等组织专门的调研小组进行教学质量认定。二是在课堂上组织听课，实地验收教学质量评价量表的准确性。两者相结合对该教师的课堂教学质量进行诊断，帮助教师改进教学。

教学评价具有导向、激励、考核、鉴定等作用，是保证教学秩序正常进行、提高教学资源的重要机制。传统高等数学教学评价总体上可以有效保证教师的教学水平、课程质量，对于促进高等教育基础学科及专业学科的发展具有积极作用。因此，教学评价是高等数学教学课程体系和教学生态环境的必要因素。

第三节　传统高等数学教育教学的优劣势

一、传统高等数学教育教学的优势

（一）直接面对面沟通

在传统的高等数学教学课堂中，教学者主要是依靠语言和文字来完成知识层面的传授，并辅以肢体语言的演绎来表现数学概念的抽象性。在这种教学方式下，教学双方可以直接面对面地沟通，让学生直观感受到数学思维的活性。值得一提的是，现代教育改革的产物——远程教学、多媒体教学，从教学实践来看，对于绝大部分高校学生来说，效果并不理想，无法完全替代传统教学。

（二）仔细的逻辑思考

从全世界范围来看，中国学生的数学理论基础和逻辑思考能力较为突出，这得益于传统数学教学模式中对逻辑思维的培养。在传统教学中，教学者对高等数学教材的理解、分析和思考普遍深入。这些教学前的准备工作为讲述数学概念、清晰的分析推导过程提供了保障。换句话说，教学者通过亲身体验得来的直接经验远比教材上的文字更为深刻。除此之外，传统教学所设置“题海战术”可以通过量变最终引起学生逻辑思维能力的质变。

（三）完整的结构体系

高等数学的传统教学模式往往体现出完整的结构和框架，这也可以归属于严谨思维下的具体产物。下课后，学生会觉得教学过程目的明确，主题突出，感受到高等数学是一门完整的学科，没有支离破碎的感觉。即使学生在课程中没有完全理解，也能够知道知识点的重难点分布，解题时的关键步骤，胸有成竹地完成课后巩固。

二、传统高等数学教育教学的劣势

（一）不利于创造性的培养

在传统的高等数学教学模式下，教学者占据着完全的主导地位。按照固定的教学课程安排将高等数学的概念、定义、定理、公式完成知识层面的转移。而实际上，对于高等数学这门基础学科而言，其知识体系明显是一个不断更新和完善的动态系统。使用如此机械式的教学方式，令学生根本无法体会高等数学真正的内涵所在。一旦学生离开熟悉的课本和领域，就会毫无任何自主创造力。对于教学者而言，需要花费大量的体力和脑力劳动，对教材上的内容，进行逐句的讲解。尤其是在逻辑概念上，教学者更是要思考专门的讲解方法。

所以，很大程度上高等数学的传统教学中仅仅只是达到了“学会”的教学目标，却没有使学生获得“会学”的能力，这样的教学毫无意义。再者，传统的高等数学教学追求的是一种“过度的逻辑思维”，然而过分的理性思考会使学生丧失对数学的感性思考，遏制数学灵感的产生。长此以往，学生对待其他事物和现实问题时习惯性地使用理性思维，整体的思维呈现出一种保守状态，创造力意识极其薄弱。

（二）制约人才多样化的培养

这样的结果在传统的教学模式下是显而易见的。传统高等数学教学方法单一，教学双方都像是固定程序设定的那样走完教学活动的每一个环节，甚至努力地保证每一个环节的稳定。在教学者既定的指导思想下，学生朝着同一个目标发展。

（三）缺乏实践应用能力，阻碍学术水平提升

中国绝大部分的普通本科生的升学途径都是要经过一场研究生入学考

试，因此，对于他们而言，高等数学最主要的实践和应用即是在考卷上尽量获取更多的分数。值得肯定的是，这场考试的专业性和难度系数足以匹配学生的学历要求。在备考阶段，学生实际上并未产生学习兴趣，只是将高等数学的学习作为临时应付的差事。尤其是非数学专业学生，更是将高等数学学习视作洪水猛兽。带着如此学习态度，一旦正式进入研究生阶段，需要用到高等数学相关知识时，才发现，脑中几乎是一片空白。这样一来，所谓的高等数学教学教育毫无意义。

另一方面，倘若对这场研究生入学考试进行总结和探究不难发现，其中的微分方程物理应用题基本都是每一年考试中的压轴题。只要出现，必定会难倒一大片的学生。即便只是应试上的实际运用题都无法进行作答，何况真正应用到社会和工作。长此以往，国内高校教学水平也将迟迟无法迎来实质上的提升。在上一章节也不止一次提及，在知识经济社会中高等数学的学习是一种终身性的学习。也许在下一个十年，高等数学的学习再也不会出现“曾经学习过”这个概念。

（四）教学评价形式大于内容

1. 学科特点的缺失

从当前高校教学实践的结果来看，在同一个学院甚至学校中，教学评价的量化表基本都出现了“一表通用”的现象，评价维度也没有任何差异。一般都依据教学活动的基本环节把其分为教学目标、教学内容、教学过程、教学效果四个部分，针对每个部分设置条目。其特点是结构分明，层次清楚且操作简易。但这种评价表缺乏学科的针对性，不能很好地反映学科教学的特点和要求。其次，这种教学评价量表根本无法体现教学双方在教学活动中的动态关联。

2. 评价主体单一

传统教学评价在接收到评价量表后，通常都是组织各自校内人员进行讨论得出最终评价，这种受到主观意识严重影响的评价在客观性和科学性上显然是不足的。

3. 忽视评价数学模型的应用

将质量水平量化，是教学评价量表的本质属性。但最终的评价结果，反倒舍弃了量表的意义和真正价值。虽然偶有应用数学模型对评价量表数据进行科学、客观的分析，但真正应用这些数学模型进行大学数学课堂教学评价的高校很少，并且，在实际应用中也几乎是脱离实际、强行地套用数学模型，难以保证先进性和科学性。

第四节　高等数学教育教学的发展现状与趋势

一、国外数学教育教学改革的研究与实践

随着信息革命的爆发和数学知识本身的完善，高等数学实际意义的重要性超过了理论意义，这是基础学科前所未有的改变。因此，美国掀起了高等数学在19世纪后最为轰动的教育改革。在改革之初，科学委员会在报告中予以高等数学一个明确定义：应用数学、统计学和运筹学，还包括理论计算等其他领域的高级数学的总和。高等数学被正式独立出来，作为一门新的基础学科而存在。

1987 年，美国国家科学基金会宣布启动微积分计划，其主题为“需要审查和更新整合课程”，计划建议在高等数学的教育教学中努力培养学生的概念理解能力、问题解决能力、分析和反应能力，引导其应用新方法减少烦琐的计算。

由于投入了大量资金，这项改革成果受到了一定的关注。哈佛大学的微积分联盟在此方面一马当先，编写的教科书在许多方面都具有开创性。

今天的高等数学教材，都是借鉴于此。

1987年至2004年，高等数学的改革进入到验收阶段。但在调研结束后发现，改革进展得并不顺利。高等数学的理论知识学习效率极其低下，问题的解决能力更是没有任何实质性提高。甚至在进入高等数学学习时，学生的计算能力大不如前。因此，在下一阶段，如何利用高等数学提升计算能力成为改革主题，并且把计算能力作为验收改革成果的标准。在此后的教学中，高等数学课程针对计算能力而设计出特别的任务，还根据微积分原理来总结出一套新的教学方法。

总体而言，作为引导学生进步的一项措施，美国的高等数学改革还是取得了一定的成果。相比于其他国家，失败率明显最低，对当前和未来的微积分教学产生了重大影响。事实证明，即便是在计算手段变得五花八门的现代社会，计算能力依旧是大学生数学能力的最好体现，所以，我们有必要继续探索和反思计算教学的内容和方法。

第八届国际数学教育大会（ICME-8）于1996年7月在西班牙举行。这一阶段，高等数学呈现出与人文学科相结合的趋势，在此后的教育改革中，高等数学教育不应该只是局限于单一学科的研究范围内，需要作出新的尝试。

1996年12月，美国启动了高等数学和科学教育比较研究项目，来自世界各地的50个国家参加了该项目，项目的主题为“利用高等数学来培养学生的创造力”。

1997年11月，国际数学教育委员会举行了一次会议，对项目的理论基础进行了探究。专家认为，由于高等教育的普及越来越广泛，学生素质差异性的问题暴露出来。此外，随着专业分类越来越明确，高校教育还带有专业性上的差异性。高等数学教育在目标、内容、模式和教学方法上已经无法忽略这种差异性，一些在中学阶段选择人文学科的学生根本无法接受高等数学教育，一些数学相关专业的学生又无法满足于低水平的高等数学教育。一刀切的教育策略必然违背教育原则，针对不同的学生实施不同的高等数学教育势在必行。唯有差异化的教学，才可以让不同的学生真正感受到共同的数学文化，使学生更好地理解和学习高等数学。为了完成差异性教学，国际数学教育委员会建议有条件的高校将现代计算机技术应用到高等数学的课程中。

1998 年 8 月，第一届东亚数学教育会议在韩国举行，标志着数学教育正走在全球化、开放和信息化的发展道路上，下个世纪已经不再遥远，高等数学的教育必须迎来新一轮的改革。在上一阶段，计算机在高等数学教育教学中的应用暂时取得了一定程度的经验。学术水平较高的大学逐渐建立起属于自己的数学实验室，利用新技术把传统教学无法实现的教学目标变成了现实。教学者不必再挖空心思地用肢体语言费力地向学生展示定积分的几何意义，学生也不必在脑海中纠结数学定理和公式的推导过程。只需要在电脑上使用多媒体技术以及计算软件就可以跳过这些不必要的步骤。

高等数学长期以来一直强调其教育的逻辑性、演绎性和封闭性，尽管这些要求保证了学生学习的正确性，但限制了学生创造力的发展。在这种教学模式下，学生只能沿着教学者和数学教材的思路亦步亦趋。

2000年7月，国际数学教育委员会在日本举行了第九届国际数学教育会议。由于上个阶段所提倡的教育开放性，对新世纪的高等数学教育教学改革学术界达成了共识。2021年，国际数学教育委员会国际数学教育会议首次于中国召开。会议重新审视了高等数学的任务，对此前的几次改革成果作出了总结：每个人都需要数学，每个人都必须学习有用的数学，不同的人学习不同的数学。在世界各地如火如荼地进行“应试教育”的时间节点，对教学任务重新审视兼具着理论和现实意义。

在关于高等数学教学内容改革方面，各国都提出了新的高等数学教材建设计划。结合国家教育现状，教材的编写更强调应用性，弃用那些违背常识的数学案例，不再迷信于经典案例，而是采用更接近现实的教学案例。此外，教材体现了差异性，以适应不同水平、不同专业的学生，满足其不同的需求。

在教育理念方面，追求应用与理论的两个极端的现象不再出现，高等数学教材在编写时通过大量的调研和实验去努力寻找二者之间的平衡点和结合点。教学者与受教者的主客体地位被模糊化，教育理念可以灵活地进行修补与改善。

在课程内容和课程体系方面，数学模型、数学应用、数学史和数学哲学被纳入高等数学教材。数学正朝着以人为本的方向发展，更接近现代化，以文化层面的应用为起点。此外，计算机技术在数学的传播和教学中发挥着越来越重要的作用，数学教育有望在未来几十年与计算机和网络相结合。

二、国内高校的数学教育教学改革的研究与实践

从20世纪80年代开始，湖南大学开始研究和实践高等数学课程体系和教学内容的改革。其提出了当时非主流的“素质教育”观点，对“应试教育”提出疑问。

素质教育要求教学者引导学生最大程度地发挥自身潜能，教学目标从个体能力的培养转变为个体智力上的培养。但这不意味就要忽视基础知识的学习，也不提倡将数学思维作为追求功利的工具。最重要的是，湖南大学在改革中格外强调学生的主体地位，鼓励他们参与到教学实践，从中获得独立研究问题的能力。1996年，湖南大学开始对国际上提出的差异性进行实践，将高等数学分为四个部分：一维二元分析、多维二元分析、随机分析和数学实验。在教材的编写和教学过程中，注重数学思想方法和数学应用。

1997年，中南大学主持了湖南省教学改革重点项目“数学工程课程体

系、内容和教学方法改革的研究与实践”，总结了“一体化”教学经验，分析了存在的问题，调查了全国高校的改革情况，提出了改革建议，并提出了一个新的“一体化”教育体系。1998年，几份符合新制度的教学文件完成，并在学生中进行了教学实践。经过三年多的探索和实践，这一问题于2000年得到解决。

建立了具有开创性、合理性、完整性、应用性和时代性的高等数学课程体系。在新的课程教学体系中，教学者加强教学思想和方法的渗透，注重素质和能力的培养。另外，教学手段现代化改革步伐加快，自主研发出多媒体教学软件《工程数学课程教学系统》，并向其他高校推广。开发的电化教育的计算机辅助教学系统和视频录制系统，在教学过程中起到了很好的辅助作用。

西南大学在其面向21世纪高等数学教育机构改革的实践活动中认识到，必须面向现代，提高教科书中的知识密度，扩大信息能力，优化教材结构。改变基础知识和实际应用分离的现状，重新重视基础知识，加强应用，适当引入新的科技和现代数学思想。不再过度地关注严格的推理能力，而是注重加强数学应用能力的培养。专家们认为，高等数学在仅有的一年教学时间里，应旨在使学生掌握最基本的理论和方法：逻辑推理、类比推广、一般抽象和算术；使学生有机会熟悉一些重要的数学思想、数学方法和数学解决实际问题的著名案例，并对现代数学的状态有一个全面的了解，培养学生独自继续学习数学的能力。

上述改革实践使得高等数学教学相比传统教育教学有了更多的教育形式、更多的教学形式和手段以及更系统、更合理的课程体系。在充实了高等数学课程体系后，教学内容不再局限于知识层面，高等数学应用层面的教学得到了飞跃性的发展，先进的技术走入依赖黑板和讲台的传统课堂，个体素质得到全面性发展。

1989年，钱学森教授指出计算机对数学教学的深远影响，建议改革科技大学的数学课程，实现计算机与课程教学的紧密结合，建立以计算机为基础设施的数学实验室。无独有偶，一些高等数学的著名学者也提倡将计算机引入高等数学教学，认为这是工科学生数学能力发展的必然趋势。

在美国，第一届大学生数学建模竞赛于1985年举行，这对国内的高等数学教育界造成了不小的冲击。这些西方的高校学生在计算机的协助下，真正达到了全面素质教育的预期。中国开始组织团队进行训练，积极参与建模大赛。但这种教育终究是小部分的学生的高等数学教育。但总体来讲，建模大赛为大学生的创新能力提供了展示的平台，并对高校高等数学教育改革产生了良好的影响。为了弥补数学知识与现实生活相去甚远的客观不足，数学模型充当了一个完美的连接方式。

与课程内容相匹配的选题被纳入课程体系，以充分发挥其独特的数学教育价值，让学生对数学知识的背景、意义和应用价值有更深的理解。通过运用数学知识和数学技能解决实际问题，学生可以体验到高等数学强大的现实意义，从而加深对数学的理解和应用。

此后，同济大学讨论了高等数学、数学与实验相结合的教学改革。新课改实验班对实验教学与传统教学相结合的方法进行了研究。关于数学实验的功能，50%的学生认为它有助于提高使用计算机的意识和能力；25%的学生认为可以提高学习数学的兴趣；21%的学生认为这有助于提高他们解决实际问题的能力；40%的学生认为对巩固所学知识是有利的；75%的学生认为在教师的实际操作演示后，就可以掌握计算机操作。绝大多数学生认为，这项改革有助于提高学习高等数学的兴趣，巩固所学知识。因此，这项研究的结果表明，高等教育机构和大学应该更大程度上推动这一改革。

在实践中，高等数学的内容与计算机应用程序相结合，使学生能够在没有任何隔离、直观的情况下学习高等数学，有助于培养学生在学习过程中的主观动力，并使学生能够通过几何直觉的结合加深对概念的理解，以提高应用能力和学习效率。在数学教学中，不仅要有课堂活动，还要合理增加实践课题，才能找到理论与实践教学之间的合理平衡。

网络技术与教学的结合同样是正确的改革方向。1999 年，湖南大学实施了校园网在线教学试点计划，为 80 多个级别的课程提供支持。学校采取了转变观念、精心组织、认真实践和加强监督等措施，以确保教学质量。首先，选择在线讲师，精心准备课程和课程材料。其次，建立大小课堂协调体系，大课堂采用线上教学方式，小课堂则是采用传统课堂教学。两者合作解决因材施教和师生情感交流的问题，以确保教学质量。小课堂不仅保留了练习课的特点，还起到了补充内容、调整思路、拓展知识领域的作用。通过教学实践研究，获得了不少的直接经验。大课堂通过互联网将优秀的教学资源集中在教学上，以媒体的形式优化教学环境。由于在线传输的信息量大、灵活、稳定且质量高，可以实现人机交互，并且是可持续的，学生可以利用网络信息建立自己的知识体系。网络教学很容易形成一种非线性的知识结构，改变学生和教师的教育和学习观点，促进高素质人才的培养。同时，与远程学习网络结合，可以为高等数学教学提供一定的互补，网络教学模式的应用进一步推进了教学方法、资源、内容和系统的改革。

2014年，上海大学提出了“高等数学哲学教育”的概念。“高等数学哲学教育”包括“课程”和“思维政策”两个方面的内容。“课程”是指人们为了在不同的学术和文化背景下实现不同的学术或生活目标而组织或开展的活动。有许多类型的课程，如理工课程、商务课程、语言课程等。当这两项活动涉及“思想政治”时，这就是“思想政治教育”，即社会实践活动。2019年，“高等数学哲学思想教育”开始在全国各地高校陆续实践，并构建相对应的教学模式。

因此，“高等数学哲学教育”的概念可以概括为基于思想政治理论或专业学科的思想政治教育的实践活动。传播和普及这一概念不仅需要理论上的支持，而且需要实践上的支持。在这里，并不意味着实践比理论更重要，实践也同样重要。这意味着，通过将专门用于不同课程的知识和政治资源相结合，相关课程的学习功能得到充分实现。

经过教育部乃至全国的关注，湖北省成为第一个试验地，湖北经济学院成功建成国内首个“高等数学哲学教育”试验基地，电子科技大学等高等院校纷纷效仿。不过，“高等数学哲学教育”的传播也面临着许多问题，特别是高等数学教育中的“思想政治教育”问题，在国内的大部分高校中没有引起足够的关注，改革尚未成功，“思想政治”的概念、任务、战略等需要深入系统的研究。

第三章　教育现代化背景下高等数学的教育教学

第一节　教育现代化背景下高等数学教育教学的方式与内容

一、教育现代化概述

（一）教育理念的现代化

1996年，联合国教科文组织提出了“学会求知、学会做事、学会共处、学会生存”的教育四大支柱新概念，根据这一概念，教育理念必须重新规划和整合，以适应未来的社会发展。

如今，它所表达的思想确实是现代教育的主题，在知识经济时代，现代教育能够将理念变成现实，并提供更好的社会活力。

（二）教育目标的现代化

在21世纪，社会对教育提出了不同的要求，对人才培养方式的要求也更加多样化。在这个阶段，高等数学的教学目标是培养德智体全面发展、创新能力高、信息能力强（包括信息获取能力、分析能力和处理能力）的新型人才，教学内容应面向学生，使他们拥有获得知识的能力，而不是通过直接向学生传授大量知识，来追求教学质量和效率。

因此，教育目标的现代化就是为了适应“信息爆炸”和知识快速更新的发展趋势，使用灵活多样，不受时间、空间和地理限制，能够适应不同学科，满足终身教育和全民教育的教育方法。

（三）教育技术的现代化

相比于教育目标和教育理念，教育技术现代化的实现需要其他学科的的协助，如今兴起的多媒体和网络技术就是典型的表现。

多媒体技术是指对文本图形、影像、运动模型等信息载体进行综合处理，并将它们建立起联系。多媒体技术表现出多样性、交互性和集成性的特点，正是因为这些特点，它可以创造传统课堂理想状态下的教学环境，在教学过程传递指数级增长的信息。这种现象级的技术不单丰富了传统课堂，还将不可避免地对教育教学产生深远的影响。

网络技术则是多媒体技术能够在现代教育发挥作用的重要前提。没有网络技术，多媒体技术之于现代教育只能是片面的、孤立的，也无法获得高水平的教学评价认可。

二、教育现代化对高等数学教育教学的影响

（一）现代技术

现代教育在高等数学教学中的应用，最为明显的外在表现主要是技术层面上的应用。尤其是在网络课堂建设愈发成熟和完善后，多媒体技术和信息技术已经与高等数学教育教学紧密结合：

1. 将多媒体技术有机地渗透

多媒体技术凭借其信息载体的多样化，在高等数学课堂上可以为师生双方都带来收益。对于教学者而言，多媒体技术可以很大程度减少其工作负担，省去一些不必要的步骤。这使得教学者可以从繁重的教学活动中解脱出来。虽然在传统的高数课堂上，教学者自有一套沿袭下来的实践经验，但从得到的教学评价、反馈来看，忽视了经验时效性显得生搬硬套。多媒体课堂的出现使得教学者可以更多地将精力用于教学评价，并根据反

馈来不断改善和优化教学手段和教学方法，真正实现对学生的全面教育。

对于受教者而言，多媒体课堂更重要和更深层的价值远远不止是促进个体的技能水平提高，还在于对个体精神意识发展的促进。在多媒体课堂上，学生不再只是一味接受的客体，新技术的加入，使得教学双方变得平衡。学生学习过程中真正拥有了主导权，极大提高了学习的兴趣和积极性，激活和培养了其探索能力。

当然，这绝不意味着传统课堂会被完全放弃。由于高等数学知识的独特性，其定理与公式的逻辑性达到了严苛的地步，过多地使用多媒体技术反而会破坏高等数学严密的逻辑。高等数学多媒体课堂构建时，至少需要遵守“传统为主，现代为辅”的原则，通过使用多媒体技术对传统教学进行优化。具体包括：描述抽象概念，演示用语言难以解释的数学定理，演示静态无法展示的运动模型，等等。对于高等数学的大部分课程，多媒体技术可以将它们联系在一起，组织一定的教育模式，避免学生发生逻辑上的混乱。

另外，由于多媒体技术同时具备通用性和特异性，使得个性化教学和合作教学找到了结合点。运用多媒体技术，可以为教学者和受教者设计专用的软件。

在课堂上，每一个学生都可以拥有自己的人机交互界面，最大程度地细化个性化教学。教师根据个体素质和能力的差异性向学生布置不同的课程任务，设计不同程度的教学进度，学生也可以根据个人意愿选择适合的课程内容、教学方式。在这种模式下，教学者可以随时接受教学评价得到反馈，随时随地地关注个体素质和能力的变化。这就是多媒体课堂相比传统课堂最明显的优越性。

当课程需要进行合作式学习时，教学者又可以直接利用多媒体技术将所有人互通互联，实施提前准备好的教学策略。相比于传统课堂大动干戈的规划学习小组，教师仅仅用多媒体技术就能够合理将学生进行划分，组成团队。一旦个体素质和能力发生变化，又可以重新进行规划。

综上所述，多媒体技术的有机渗透改善的是整个课程的生态环境，在环境的影响下，教学双方都获得提升。

2. 通过多媒体技术加强数学实验教学

除了理论知识的传授，高等数学课堂也可以通过实践进行技术的指导。在“工具”课堂上，学生必须对数学解决问题的功能有基本的了解，这样他们才能产生大量的想法和方法，如果遇到困难，才可以有意识地使用数学工具。但要真正掌握数学工具，学生需要从理论向到实践，从而获得直接经验。数学实验就是一个最好的教学策略。

在教师的指导下，每个学生可以亲身参与数学实验解决理论和实践问题、自主选择方法、熟悉软件、计算和测试结果的整个过程。通过实验，学生又可以从实践走向理论，寻找结果、问题、原因和其他联系，体验数学解决问题的强大功能，在失败和成功中真正获得知识，并逐渐熟悉和掌握这一数学工具。

在高等数学教学中，抽象与具体、逻辑与直觉是永恒的矛盾。很多时候，理性和感性是完全分离的，学生无法完全理解和应用它们。过于简单的实践无法上升到理论，复杂而深入的实践又会因为个体能力不足达不到教学目标。所以，数学实验需要教学者精心设计。在传统课程中，实验课是严重不足和缺失的。学生几乎没有任何机会动手完成实验，只是通过文字、图像或者语言来获取一个结果。

但有了多媒体技术提供的强大计算和成像能力，学习和掌握数形结合的思想可以很容易地弥补这个空白。它为学生理解概念和方法、理性升华和创造能力建立了现实基础，使高等数学的多媒体课堂比传统教学更清晰。

通过参与数学实验，学生可以将自己代入数学家的角色，去真正感受高等数学理论知识的发展过程，体验探索和研究时应该具备的精神属性和数学理论能力。在更高层次的教育阶段，教学者甚至可以完全放开手脚，让学生完成整个数学实验，包括前期准备、理论研究、理论实践。

综上所述，多媒体技术让理论和实践相互结合，培养学生的探索能力和创新能力。

（二）现代教育理念

1. STEAM教育理念与高等数学教育教学结合

STEAM 分别代表科学（Science）、技术（Technology）、工程（Engineering）、艺术（Art）、数学（Mathematics），STEAM 教育是一种集科学、技术、工程、艺术和数学于一体的综合教育。STEAM 教育由 STEAM 计划发展而来。STEAM 计划是一项最初由美国政府领导的教育计划。旨在打破学科分工，通过学科能力的综合应用解决实际问题，培养综合性人才。STEAM 教育理念的五个部分在教学进行过程中必须紧密相连，学生应通过综合教学方法来掌握多方面的知识和技能。课程的整合应符合核心课程标准和艺术课程标准，并能够灵活地将问题转移和应用于现实世界。

STEAM教育具有新的核心特征：跨学科、体验导向、情景化、协作性、创造性和艺术性。高等数学中思维、文化等学科的内涵与STEAM教育理念有着本质上的对应关系，因此两者的结合是当前数学教学改革的主要方向。STEAM教育观念下的高等数学教学的主要改革方法包括：

高等数学教师教学观念和教学理念的改革。高等数学课程的教学者主要是普通高校数学专业或者自然科学专业的毕业生，他们对高等数学有着深刻的理解，但对于教育理论和教学方法的理解却比较薄弱。他们只是完全按照个人在学习阶段积累的习惯和经验来授课，这导致教学内容与专业人才的培养理念呈现出割裂的态势。因此，高等数学的教育教学改革应由源头出发，从实施某一专业高等数学课程的教学者和专业学院的教学调研者开始，并到适当的专业教研室进行研究，对教育政策、人才培养计划、个体的素质能力、本专业的就业目标、专业特点、高等数学知识的需求等方面进行深入的了解和研究，对自我的教学理念和观念进行革新，然后一起参与到高等数学课程的设计和教材建设过程。

高等数学课程的改革。要为特色教育的形成奠定基础，高等数学课程改革应从特色课程的建设入手。根据各专业的人才培养要求的专业知识结构特点，制定带有专业特色的高等数学基础课程，并形成相应高阶段课程。高等数学课程有助于专业知识的学习，培养学生专业问题的分析能力、专业技能的应用能力，减少那些不必要和烦琐的问题解决方法的培训，高效率的达到将所学高等数学知识应用于解决专业问题的教学目标。在此基础上，在制定课程时，应努力打破原有课程的界限，根据各专业特点灵活选择教学内容，将数学与相关课程和内容有机结合，使学生能够在接受更少的课程中学习更多的知识。构建不同专业的不同的高等数学课程，以满足应用型本科人才的培养要求，并具有专业特色。

高等数学教学方法的改革。由于现有的高等数学内容体系相比之前基本没有任何本质上的变化，因此教学方法在数十年来很难发生改变。在高等数学课堂上，教学者仍然在沿用传统课堂基本概念、原理的讲解，照搬公式推导过程和使用经典案例。这使得高等数学的教学评价普遍认为，高等数学的学习过程是枯燥无味的，教学方法是僵化的，学生无法感受到学习高等数学课程的乐趣和重要性，教学者的努力犹如石沉大海，无法获得成就感。究其根本，是传统教学过于高估演绎法和基本原理推导的效能，忽视了对学生创新精神和能力的培养。新时期的大学生思维活跃，富有想象力，独立且充满个性。因此，教学者需要根据学生的水平改革现有的教学方法，以实践活动进行课堂教学，注重突破教学中的重难点。同时，将那些反复使用的经典案例更换为与专业相关的实际问题，使高等数学知识的每一个重点难点都可以从专业实际应用中找到原型。该专业的实际问题可以从数学角度逐步抽象为数学问题，相应的物理现象和技术问题可以用数学分析的结果来解释。这样，不仅高等数学理论可以与专业技术理论相结合，还加深了学生对专业的理解，帮助他们认识到数学的重要性，从而激发学生学习高等数学课程的热情，使他们认识到高等数学不仅是一门基础理论，也是解决技术问题的重要工具。此外，在学习高等数学的同时教授相应的专业课程，以便学生成功理解高等数学知识的专业应用示例。

2. OBE教育理念与高等数学教育教学结合

OBE教育理念最初由美国学者斯帕迪提出，即遵循结果导向、积极设计和反向实施的教学模式，也被称为结果导向教育理念。OBE教育理念下的“结果”是指一种教育模式，在这种模式中，学生可以获得与他们通过努力学习所学到的知识相同的技能，并最终通过学习获得预期构想的成果。从那时起，一个完整的系统就已经形成。OBE教育理念的构建需要以解决四个核心问题为前提：学生学习和掌握什么？为什么学生要取得这样的学习成果？如何帮助学生取得这些学习成果？如何有效地了解学生是否取得了这些学习成果？因此，基于OBE理念的教学必须首先定义学生的学习表现，以学生为主要中心，制定教学目标，根据学习表现设计教学模式，最终通过教学过程实现学习目标。在国内高校，基于OBE理念的“高等数学”教学模式改革策略主要包括：

（1）转变教学观念，以学生为中心

OBE理念的核心是以学生为中心，具体体现在三个方面：第一，课堂决策以学生为核心。在规划课程、教材、教学方法、教学管理等方面时，我们应根据具体情况和学生的实际需要作出适当安排，以最终帮助学生达到预期的学习效果。第二，课程资源的来源是以学生为中心的。基于OBE理念的教室正在从封闭式走向开放式，获取知识将不受时间和空间的限制，与教师沟通和互动的频率将会大幅度增加，学生可以在网上独立学习，由此产生的问题可以通过线上平台与教师沟通来解决。所以，从“教师导向教学”走向“学习导向学习”转变为教学的主要目标。第三，教学评价体系的结构以学生为中心。教学评价不是以一次简单的期末考试就衡量整个学习阶段的成果，而是从知识评估转变为能力评估，全面评估学生应用知识的能力，以评估学生是否取得预期的学习成果。以成绩为基础，确定了渐进式教学目标。高等数学教学是一项艰巨而费力的教学任务。在基于OBE理念改革教学模式时，教师必须全面考虑情况的各个方面，并针对每个知识模块，让学生了解自己需要学习和掌握什么，以及为什么要取得这样的学习成果。根据社会需求和自身期望，结合学生不同学科和数学基础的差异，将学生分为不同层次，以确定各级学生的学习成绩。因此，OBE理念下的教学目标是根据表现逐步制定的。

（2）实施多元动态教学，促进个性化发展

首先，教材的分发是多样化的，利用先进的网络通信技术，教师建立了一个线上学习平台，根据课本内容的逻辑顺序和学生的认知过程，统一分配学习资源。高等数学课程内容是模块化的，大致可以分为微分、积分、微分方程、空间解析几何、级数等模块。教学者在设计课程时，可以将每个模块分为几个部分，每个部分的每个知识点都制作成不同的微视频。课程资源也是具有多样性的，通过下载课程资源平台上的微视频，学生可以快速浏览课程材料来复习视频讲解内容。在完成一定阶段的课程后，会自动生成问卷，包括练习题和测试题。每个知识点都配备了适当的练习题，以检查学生对知识点的理解，以便学生在学习过程中充分了解自己的学习状态。最后，还有一个讨论和交流区，教师在平台上发布讨论主题，引导学生进行讨论和交流，交流区会为教师提供及时的反馈。这种类型的开放式教学提高了每个学生的主导地位，将个人记忆知识转化为多方向交流，促进了教师和学生、学生和学生之间的知识转移和交流，并鼓励教师和学生更深入地理解OBE理念，从而创造一种多动力的学习氛围。

其次，以结果为导向的OBE教育理念对个性化教学的作用是最为突出的。相比于中学生，大学生的个性有了释放的空间。但同时，其自我认知能力不足的缺点也暴露无遗，一些学生只是凭着主观能动性和间接经验对个人的数学能力做出评价，以此来选择适合自己的学习方法和学习内容，以达到预想的学习目标。一旦没有达到预期目标，学生难免会失去学习兴趣，甚至否定自己。这是个性化教学在实践过程中普遍存在的误区，更是教学实践最终失败的根本原因。而在OBE教育理念下，学生能够使用客观的教学评价来对数学能力作出正确的认知，进一步选择合理的学习方法和学习内容，达到预期目标，提升个性化教学实践的成功率。

最后，打开教室。传统的高等数学课堂处于一个“填鸭式”的封闭且死板状态，教师和学生简单而反复地传授和接受那些理论知识，教与学只是按照课程设计走完固定的流程。但人是不断发生变化的个体，不是课程程序随意摆弄的棋子。因此，现代高等数学课堂应该是一个动态的、多样化的教学环境，让教学双方相互促进，相互联系。

（3）完善多元化考核体系，注重提高学生技能

OBE教育理念下的教学评价不仅关注教学内容，还关注学习成绩。多元评估和评价模式是对学生学习成绩的全面、合理的评估，包括对学生综合实践技能的评估。多元评估包括知识评估和技能评估，知识评估包括形成性评估和总结性评估。在教学过程中定期实施形成性评估，即学生的参与、讨论和交流，学生的相互评价和学习成绩统计，以实时了解学生的学习态度和学习情况。教学结束后，即期末考试，进行总结性评估，以检查教学目标是否实现，并评估学生的学习成果。技能评估可以通过数学知识的综合应用进行评估。对于不同层次的学生，教师布置不同难度的综合问

题，学生尝试建立数学模型，应用高等数学的理论知识来解决模型，撰写数学论文，并使用多种评估方法来评估不同水平的学生，强调每个学生的表现和个人学习进度。忽略学生之间的比较，给不同水平的学生打分。通过多样化的评价和评估方法，教师可以根据实践得来的直接经验不断平衡知识评估和技能评估的比重，使评估更加完善、合理和动态，评估学生是否获得了预期的学习成果，并进一步改进和优化。让学生充分了解自己，提高学习动机，不断提高和进一步发展数学思维和实践技能。

3. APOS教育理念与高等数学教育教学结合

APOS是一种基于认知科学、建构主义理论的教育观念。建构主义认为学生在学习高等数学的理论时需要进行心理建构，实践经验证明，其建构过程要经历四个阶段：操作或活动（Action）阶段，教学者在传授数学理论前所准备的活动或操作；过程（Process）阶段，把教学者所做的准备工作通过实践在课程上完成数学理论的传授；对象（Object）阶段，把数学概念上升为一个独立的对象来处理；模型（Scheme）阶段，形成包含上述三个过程的综合心理图式。

国内高校高等数学教育和教学有两个主要趋势：一是注重知识语境的完全传授，如一些公式和定理的推导。这种教学方法可以使学生更深入地理解数学公式，但同时忽视了学生认知发展和探索能力的发展。二是“去数学化”教学，它注重实践讨论和对表征的深入研究，但忽略了数学本身的固有属性。APOS教育理念能够深入数学概念创造过程的内在本质，体现“本质”和“对象”的双重性。从数学学习心理学的角度来看，通过展示学生在学习数学概念时的真实思维活动来设计数学概念教学模式是一种有益的尝试。在具体的教学实践中，将传统的数学概念教学模式与APOS概念相统一，应考虑数学概念的逻辑结构分析和概念形成过程的思维过程分析。只有这样，数学概念的逻辑形式才能与概念形成的历史发展过程相统一。它们的本质是数学内容和思维方法的统一。

在高等数学专业概念的引入阶段，应充分考虑学生的认知规律，并体现直觉和接受原则。从认知科学的角度来看，学习数学概念目前处于“操作或活动阶段”。在教学中，我们应该考虑几何、物理等的应用背景。或者为不同的数学概念选择纯数学背景来引入概念，让学生通过“活动”来体验和感受概念的直观背景，并通过组织、整理、分析和总结他们接触的例子来帮助学生直观地形成定义，即从具体到抽象。文学教学之所以能激发学生的学习兴趣，是因为对经典的引用。然而，高等数学并没有悠久而有趣的历史，因此在教学中选择合适的例子非常重要。在高等数学中有一些引例是能够经受住时间考验的，例如在极限概念的教学中可引用刘徽的“割圆术”，在分形几何的教学中可引入Koch雪花周长。导数概念有两个典型的引例：曲线的切线斜率、变速质点的瞬时速度。微分概念可用矩形边长的改变引起面积的改变量是多少作为引例。定积分概念也有两个经典引例：曲边梯形的面积、变速质点的位移长度。常微分方程概念用已知切线斜率求曲线方程和求上抛物体的运动方程作为引例。二重积分概念用曲顶柱体的体积和平面薄片的质量作为引例。无穷级数概念则可以设置一些与靠近现实的趣味性习题来引入概念。

在过程阶段，概念可以被概括，即数学术语的定义，这是一种逻辑方法，通过已知概念来阐明另一个术语的内涵。在课堂上，我们应该充分发挥学生的主观能动性，为学生创造“创造和发现的状态”，重建心理活动的过程，贯彻发现法的教学原则。从认知的角度来看，学生在思考“活动”之后，经历了思维的内化和压缩过程，在脑海中描述和反映“活动”，抽象出某些概念的独特特征，即总结数学概念的定义。概念的表达可以借鉴美国数学教学的“四原则”，即尽可能从图像、数值、符号和语言四个方面阐明数学对象。语言包括自然描述语言和形式数学语言。从几何、代数、数值和语言的多重角度对数学概念的表示不仅符合个体认知的规则，而且促进了个体的理解。不同的表示可以传达不同的信息，而从综合表示中获得的信息量比单个表示多得多。例如，边界项的表达可以用自然定性描述语言、数学语言和数学符号。如果自变量趋向于学生可以直观感受到的值，最好使用数值列表绘制的方法来近似并生动地反映函数值接近某个值的过程。数学概念的表达应注意其准确性。为了提高表达的准确性，应特别注意创造和建立概念的条件，并应训练学生尽可能用标准数学语言表达概念。

在对象阶段，教学者可以分析和剖析概念。通过上一阶段的活动来理解概念的本质，赋予它正式的定义和符号，并成为一个特定的对象。在以后的学习中，学生将使用该对象执行新的活动，并且该对象将被转换为要操作的“实体”。当一个概念进入客体状态时，它代表了一种静态的结构关系，有利于把握其整体性质。因此，在教学实践中，教学者应特别注意分析解剖数学概念表达中使用的精炼语言和符号的含义，并从多角度和全方位分析概念的适用条件和范围。对该术语的内涵和外延的进一步解释是试图对数学概念的含义进行更深入的分析和解剖，例如与其他概念联系和比较，以揭示抽象概念的“原始”含义，并阐明共形形式之后隐藏的数学思维方法。正确理解术语的内涵和外延，有意识地引导学生在数学思维过程中发现数学概念的矛盾运动和发展，揭示数学术语之间的关系。只有如此，一个完整的数学概念才能真正形成。所有教科书中的数学思想都是经过多年锤炼后形成的。问题解决后，它会发展成一种正式的能力。数学教师应该帮助学生们发现那些冰冷的文字背后充满温度的思维。

在模型阶段。可以形成稳定的心理方案。这一阶段，数学概念在大脑中形成了一个综合的心理方案，包含具体的教学案例、抽象的过程、完整的定义，甚至与其他概念的区别和联系。

在教学中，教师应该加深对概念应用的理解，以培养学生数学意识和分析解决实际问题的能力。教学时应该试图揭示这个概念的客观背景及其在解决实际问题中的重要性，并给出几何解释、物理解释和其他尽可能与实际意义密切相关的解释。在对概念进行解释后，就能够将概念与实际应用和数学的应用构建联系，给出一些与现实生活有关的例子，并应用这些概念来解决数学问题。在高等数学的教学中，应该强调导数作为变化率——物理、化学、生物学和经济学等许多领域的变化率，如经济增长率、边界函数、化学反应率、血流梯度等的实际重要性，并强调从变化率的角度解释复合函数导数公式、反函数导数公式和参数方程公式等概念的数学应用；从变化角度解释微分平均速率；解释从变化率角度推导的符号，以确定函数的增减性、凹凸性。讨论微分概念在近似和精密度上的应用，不仅可以讨论定义积分在物理学中的应用，如计算可变力所做的功来推算静水压力，可以讨论经济学中用常微分方程计算资本的总量和流量。还可以应用某个积分来计算图层图形的面积和空间物体的体积。模型阶段的形成将通过长期学习活动加以改进，教师应深刻揭示数学概念的矛盾运动和辩证发展，逐步促进学生心中数学思想的知识体系建构。

4. “高等数学哲学教育”的运用

从国际的教育现状来看，国内开展的“高等数学哲学教育”在高等数学教学的运用是具有独特优势的。在现代教育理念下，高等数学的教学目标早已不再是单纯地获取数学知识，而学生的学习目标也远远不止是知识层面的提升，而是需要过渡到精神层面的提升，包括世界观、价值观、人格等各个方面的精神属性。

从学习时机的角度来看，尤其是处于精神属性形成的重要时间节点的大学生，一些外在因素极易对其今后数十年的人生造成深远的影响。因此，学生的思想政治教育的最佳时机正是大学一年级。而高等数学课程恰好是大学一年级学生必修的一门重要的通识基础课，因此高等数学课程在时间节点上具有实施高等数学哲学教育的可能性。另一方面，对学生进行思想政治教育，培养学生的世界观和价值观，并不是一朝一夕就能做到的事情，要想取得好成绩，教师必须不断学习和实践。而高等数学课程在大学课程体系中归属于必修的基础性学科，其可观的时间长度和广泛的覆盖范围使得高等数学课程在思想政治教育方面具有良好的基础。

从课程的性质和数学课程的内容来看，高等数学的哲学教育建设具有独特优势。首先，高等数学教育作为高等院校重要的基础性教育科目，在高级阶段的继续学习阶段中发挥着重要作用。其次，与其他科目相比，数学学科具有其专业上的特殊性。高等数学是一门历史悠久的古典学科，蕴涵着丰富的文化资源，在其定理、公式中，都具有浓厚的政治和哲学色彩。

从高等数学的历史发展过程来看，其本身就具有与哲学教育有机融合的趋势。数学的终点是哲学。数学学科揭示的是现实世界中的普遍规律，其中蕴含的哲学思想通常具有一定的普遍性，其对学生树立辩证唯物主义的世界观具有积极意义。

可以说，高等数学和思想政治的结合绝不是偶然，而是必然。因此，高等数学课程在内容上具有开展“哲学教育”的优势。高等数学作为一门基础学科，其被重视的程度明显高于其他基础学科，这从学分上的设置就可见一斑。教学者应该充分利用这些优势，提升大学生的思想政治水平。以高等数学的知识作为载体，合理的融入思想政治知识。

在高等数学教学中，“高等数学哲学教育”的运用具体包括以下三个途径：

（1）完善课程教学目标

根据布鲁姆教育目标分类理论，结合我国教育现状，可以制定三个学习目标：知识和技能、过程和方法、情感态度和价值观。第一个是知识的目标，另外两个是价值观的目标。知识的目标和价值观的目标之间没有差距，而是相互联系的。

在学习中，三维目标总是可以在课堂上实现的。知识目标的实现在很大程度上取决于对学习内容的理解和吸收，而实现价值目标则需要针对性地修订课程。教学内容与思政内容之间具有极强的联系性，在制定课程时，必须将思政内容和时政内容加入课程，从而确保教学者能够在高等数学教学的实践中提炼思想和政策元素，并将其彻底和自然地融入教学内容。高等教育的高等数学哲学教育主题为：充分学习数学高等教育的思想政治教育要素，发挥数学高等课程在育人方面的积极作用，同时提高学生数学思维能力，提高思想政治素质，从而以教学评价作为一种品质或能力的判断标准。这要求教学者仔细研究高等数学教材，了解每一个知识点，进而从高等数学知识的概念、定理和公式中提炼出思想政治要素。

"高等数学哲学教育"背景下的高等数学课程教学实践，首要工作就是根据各专业不同的人才培养计划和个体素质能力的要求，秉持知识与价值观并重的原则，构建知识目标、能力目标以及情感态度价值观目标有机结合的、"三位一体"的总体教学目标体系。从中国无数次的思想政治工作实践得到的直接经验可知，确立了清晰明确的目标就已经成功了一半。

对于两门学科首创的结合，如何找到三种目标之间的最佳平衡点和结合点是高等数学哲学教育目标体系构建的关键所在。

具体地讲，高等数学哲学教育教学的知识目标应该占据主体地位，也应该是最终的落脚点。在教学评价时，学生对数学知识的掌握程度才是衡量教学是否成功的金标准。这种知识目标与传统高等数学的教学目标没有本质上的区别。

高等数学哲学教育教学的价值观目标则是一种完全不同的概念，与单纯的思想政治教学时的教学目标有明显区别，其主要体现在教育评价可以从量化水平来判断教学是否成功。高等数学哲学教育教学是以思政教学理论为辅助手段提升高等数学知识的教学效率，让学生从数学概念、定理和公式等知识中，体会数学内在的思想方法，感受数学文化的内在和提升数学美的审美能力，逐渐建立起理性思维，这是数学学科独特的教育价值所在。因此，对知识的掌握程度亦可以作为价值观目标的评价标准。

当然，高等数学哲学教育教学目标的择定应该是有针对性的、整体性的，是可操作的。这些育人目标应是有机地穿插在整个课堂中，绝不是强行加入的附属品，更不能本末倒置，在教学中失去知识目标的主体地位。

（2）提升教师思政素养

高等数学哲学教育教学是一种由上自下的实践活动，教师必须具有较高的政治素质，这也是“课程政治”高等数学课程成功的关键条件之一。

首先，教师必须不断提高自己的思想道德水平。高等数学课程的任教老师大部分都是自然科学专业出身，思想政治水平普遍不高，所以在教学实践前，需要对教师进行思政教育。另外，教师的理想信念、思想、工作态度、个性、行为都直接或间接地影响着学生。教师可以不断提高“思想政治纪律”教学的内在动力，进一步增强其使命感。除了数学知识，教师还学习了知识背后的逻辑、精神、价值、思想、艺术和哲学，并以言传身教的形式在潜移默化中有效地向学生传达真正的价值观和理想。

其次，教师必须不断提高自己的人文素质。教师不仅需要专业知识的水平过硬，还要对高等数学史、数学思维等方面进行深入研究。教师要能够根据高等数学课程本身的特点，在教学过程时结合哲学理论，完成高等数学哲学教育的教学。在教学观念的要求上，教师需要高度重视培养学生的技能，灌输新的教学理念，有针对性地开展教学，成功完成教学实践。

（3）丰富高等数学哲学教育资源

高等数学虽然具有高度的抽象性和严格的规律性，但也包含丰富的教育和政治资源。通常是隐藏的，需要挖掘和提取。古典数学就是哲学巨著《马克思主义原理》理论基础的重要组成部分。高等数学作为古典数学分支，必然能够找到与哲学的共通点，这在此前的章节已有过详细描述，在此不再赘述。

除了自身的思政资源外，高等数学还可以与思想政治建立起额外的联系。目前，一些机构已经建立了高校高等数学哲学教育学习数据库，其中包含了大量的数学学科资料，如时代热点、教学视频、发展史、杰出人物描述、数学文化等，还包含丰富的数学思想方法，如抽象、归纳、演绎、类比、减法、数学组合等。教师必须能够利用这些与高等数学知识相关的深层智力资源，结合启蒙和隐蔽教育，实现知识和价值观的转移，这对培养学生的数学能力和技能至关重要。

三、现代教学模式

教学模式是在一定的理论思想指导下构建的一个系统的、典型的、相对稳定的结构。它不仅反映了一定的理论背景，也反映了实践中的功能性，即它是理论与实践之间的桥梁。学习是人与生俱来的一种能力。关于“人如何学习”一直存在争论，这也引发了重视刺激和强化外部环境的行为学习理论与重视心理内部处理的认知学习理论之间的争论。从这场争论中诞生了“情境学习”理论和“建构主义学习”理论。在建构主义学习理论进入我国之前，数学教学一直遵循苏联的五阶段教学模式（即复习旧课以提升新课的动机、巩固和验证效果）。苏联教学模式，充分发挥了教师的主导作用，有利于管理和控制课堂教学。但因此忽视了学生的主动性和创造性，使学生始终处于被动地位，成为学习过程的次要部分。另外还包括一些其他的教学模式，但这些教学模式大多是五阶段教学模式的延伸和变种。五阶段教学模式对我国数学教育改革的理论发展和实践应用起到了非常重要的作用，也具有重要的意义。

然而，由于五阶段教学模式已经深植于国内教育界的理论，其缺陷久而久之变成一种劣根性。尽管历次的教育改革采用了各式各样的方法来试图改善和优化教学模式，但其指导理论相对陈旧，缺乏新的理论指导，许多所谓的“教学改革”不过只是旧瓶装新酒，使得国内无法真正更新教学模式，很难更新指导理论。如此一来，问题陷入恶性循环。

鉴于中国现有的数学教学模式缺陷，专家学者发现国外非常流行的建构主义教学模式似乎能够从根本上有效地解决上述问题。因此，一些教育从业者试图将国外的建构主义教学模式引入中国。

建构主义背景下的教学模式有许多种，比较典型的有：观念转变教学模式、支架式教学模式、随机进入教学模式以及锚定教学模式。

（一）观念转变教学模式

建构主义认为，学习是学习主体在现有知识和经验的基础上积极构建新知识的过程。在学生接受新的知识和经验之前，在意识里对一些数学问题和现象留下了深刻的印象，并随着年龄增长、印象的累积逐渐发展为一种特异性的思维方式。

这些特异性的思维方式导致个体在接受真正的数学专业知识的教学时就会形成观念。其中一些观念与专业知识具有相容性，但也有一些观念与专业知识互相矛盾，它们被称为“错误的观念”或“不同的观念”。建构主义认为，这些错误的观念包括刻板印象和偏见。刻板印象是指个体通过生活经验对客观世界的朴素的反映，大多数的刻板印象与专业知识的概念相悖。偏见会对刻板印象保持一种意识上的坚持。学生认知结构中的这些错误观念，不仅对专业知识提出疑问，还会尝试将这些错误的概念应用到后续的专业问题和现象的解释中。尤其是对于高等数学学科而言，刻板印象和偏见是其学习和研究过程的大忌。错误的观念必然会导致高等数学教学实践的失败。

观念改变学习理论认为，观念的改变主要通过以下两种方式实现：一是替代，二是重建。替代是指更换或删除既定的观念结构，包括更新、合并和添加。这种方法是原始观念结构的延伸，是一种进化和连续的方法。当学生的原始观念与专业观念具有相容性时，就会随即发生替换。而重建则意味着直接推翻既定的观念结构，当认知结构发生重建，个体就会对一些陈旧信息和接收到的新信息进行完全不同的解释。当个体既定的观念和专业观念完全不同或者相互矛盾时，就会发生重建，这是一种革新和不连续的方式。

而观念改变学习理论在革新和不连续情境中起着至关重要的作用，换句话说，一旦用外界因素引起学生认知的失衡，就可以激发学生的求知欲和探索欲，促进学生的知识转变。

为了促使学生进行观念转变，1982年波斯纳等人在皮亚杰“认知建构理论”和库恩“范式更替理论”的基础上，进一步提出了观念转变学习理论的条件。为了促使学生进行观念转变，该理论认为必须提供四个条件：

第一，需要使学生对现有概念知识不满；第二，新的概念知识应该是可理解的；第三，新的概念知识应该是合理的；第四，新的概念知识应该是有时效性的。只要满足了概念转变学习理论的四个前提条件，学生的认知结构就会自然而然地发生重建和替换，错误的观念就会被专业知识所取代或改变。

当然，观念转变理论的前提条件并不是万能的。除了上述四种条件，课堂动机因素、情感因素和认知因素等外界因素同样会影响学生的认知结构的变化。因此，在高等数学教学中，教师应在课堂上积极创造条件，促进学生的数学观念改变。

德雷弗以观念转变学习理论为基础来对教学模式进行设计，提出了观念转变教学模式。这一模式的一般步骤是：①定向。教师创造具体的问题情境，以明确学生自主研究性学习的方向。②引入。鼓励学生尽可能地使用错误的观念来解释问题的现象，并且在解释过程不予以评价。③观念重构。在创造学生认知结构发生转变的条件后，教学者应该引导学生建立新的认知结构，并通过实验、讨论、澄清和转化充分评价建构过程。④观念应用。教学者根据学生在前阶段所提出的错误观念设计问题，让学生运用新的观念解决新的情境问题。⑤反思观念转变的过程。将新观念和认知结构存在的既定观念进行比较，反思观念转变的过程，以此获得直接经验。

基于德雷弗的模型，斯科特在1992年提出了另一种概念改变教学模式。该模式的具体实施步骤为：①引导和触发学生的错误观念；②通过情景模拟和介绍向学生揭示建构主义理论的本质；③学生构建自己的理论；④指导学生复习、反思、讨论和评估自己的理论，并通过教学评价鼓励学生倾向于可接受的科学观念；⑤提供应用环境。在斯科特的教学模式中，学生几乎独立完成了整个认知结构重建，获得自己的经验。同时，该模型中建构主义方法的另一个核心所在就是关注科学理论的性质、范围和结构。此外，学生必须提供证据来验证在教学模式中提出的既定观念正确与否。斯科特的教学模式充分反映了建构主义的全部核心属性。

（二）支架式教学模式

建构主义理论认为，教学的双方存在认知上的差异，知识的传授过程更不是简单机械的转移过程，而是个体通过发挥主观能动性自觉建构认知结构。因此，教学者在教学实践时应充分考虑学生思维方式和认知结构特征，通过设计特定的教学活动帮助学生建立对人类数学知识的正确认知。为了将这个概念具体化，建构主义者借用了建筑业中“脚手架”的概念，生动地提出了“支架式教学模式”。

关于支架式教学模式的构建，教师首先需要为学生搭建支架（与教师对教学过程的管理和调节有关），帮助学生通过支架理解具体知识。在这个知识框架的帮助下，学习者可以自己探索和解决问题，然后逐渐移除这个框架，自己探索和学习，并尝试自己构建脚手架。欧洲共同体远程学习计划的相关文件将支架式教学模式定义为：为学习者提供一个概念框架，以协助他们理解知识。

在支架式教学模式中，知识框架的构建是教学实践成功的关键所在。对于高等数学的支架式教学模式而言，知识体系复杂且丰富，知识框架显然需要细分出更多的结构，才能够达到减轻学生理解上思维负重的目的。此外，除了基础结构，支架的构建还要使用一些固定装置将其连接在一起。而这些固定装置就是教学者所涉及的思想和方法。在知识框架构建完成以后，学生就可以根据这些基础进行延伸和嫁接。

支架式教学模式最重要的基础理论即是维果茨基“最近发展区”理论。“最近发展区”理论认为，当学生在课堂之外独立遇到专业性问题时，就会发现真实的知识掌握水平和在教师指导下的知识掌握水平存在差异。维果茨基认为，这种差异是可以依靠教学手段来消除的，即教学者可以为学生创造最近发展区。所谓的最近发展区，就是指教学应优先于发展，并对学生提出更高的发展要求。尽管学生很难完成这一领域的学习任务，但当通过外部活动传递的知识和经验被内化到学生自我的认知结构中，学生就能够独立解决问题。

高等数学的支架式教学模式的构建由以下几个步骤组成：

①搭建支架：围绕当前学习主题，以“最近发展区”的理论建立知识框架，即支架。这一步骤，要求教学者对高等数学知识体系足够了解，并根据学生素质能力的不同构建相应的支架。在知识框架的连接时，教学者所提出的教学方法的合理程度影响着整个框架的稳定。

②进入情境：向学生介绍一个特定的问题情境（概念框架中的某个层

次或节点）。在高等数学教学中，教学者可以利用极限与现实社会结合程度较高的实际案例作为问题情境，引导学生登上支架。

③自主探索：让学生自主探索。探索的内容包括：确定与当前给定的概念和知识相关的不同属性，并按一定顺序排列不同属性。在研究开始时，教师应给予必要的启发和指导（如演示或介绍理解类似概念的过程），然后让学生分析和探索，逐步沿着老师提供的支架学习了解整个知识框架。在此过程中，老师可以给予学生及时的指导或修正，并且有意识地培养学生的独立思考能力，以自主构建知识框架。在这个阶段，学生只有对老师构建的支架反复地“攀爬”，才能自主构建支架。

④协作学习：教师组织学生分组讨论和分析，并引导学生反思和分析当前的知识，使原本相互冲突或矛盾的观点逐渐变得一致，最终实现统一。在分享集体思维成果的基础上，学生可以实现对当前知识的更全面、更深入的理解，最终完成对高等数学知识的认知结构构建。

⑤效果评价：组织学生对个人进行自我评价或团体评价。评价标准主要包括以下几个方面：学生自主学习能力的反映、对协作小组学习所做出的贡献，以及是否完成新的概念知识的支架和认知结构的构建。

综上所述，支架式教育模式的关键是如何搭建“支架”，形成知识框架，引导学生进入问题情境，然后引导学生建立认知结构。因此，支架式教育模式的教学实践主体部分是“支架”的结构，问题情境是“支架结构的连接”。学生的探索和自主学习则是沿着“支架”攀爬的过程，也就是搭建的过程。

（三）随机进入教学模式

1991年，斯皮罗将人类学习阶段分成初级阶段和高级阶段。在初级阶段，学习内容仅仅是一些基础学科的简单概念和知识，在应用上具有无限重复性。在高级阶段，学习内容更为深入和宽泛，只有在特定的情况下才会加以应用。

传统教学模糊了初级学习和高级学习的界限，将两个阶段的教学内容、教学方法、教学目标不恰当、不合时宜地混用，最终造成教学实践的失败。这在高等数学的教学中尤为常见，大多数教学者仍在大学课堂使用一些中学数学课堂的教学方法。因此，建构主义开始寻求一种适合高级阶段学习的教学模式，即学习者可以以不同的方式自由地进入相同的教学内容，以不同的方式探索和解决相同的问题，以获得多重意义上的认知结构建构。即是从认知灵活性理论总结得出的随机进入教学模式，这种教学模式为高级阶段的教学提供了新的思路和途径。

认知灵活性理论是随机进入教学模型的理论基础，该理论是指同时以多种方式重建自己的知识，以便能够适当地应对从根本上改变的情况，这是知识表征（超越单一维度的多维表征）的功能，也是影响心理表征的各种处理过程的功能。

认知灵活性理论认为，教学者一方面要为学生认知结构的建构提供基础建设，另一方面却又需要给学生预留出一定的空间，以培养学生的创造力，提高学生的认知水平。认知灵活性理论的目的是提高学习者的理解能力和知识转移能力，根据认知灵活性理论，个体认知结构的建构能力应包括对新的知识进行建构的能力和对既定的知识进行重构与更新的能力。

认知灵活性理论的核心思想是，只有通过多维问题的成功解决，才能对复杂概念或认知结构之外的领域进行深度思考。个体的认知结构始终有局限，可以说，在各个领域，当知识应用到具体情况时，就会出现认知结构无法触及的情况。因此，在解决不断出现的实际问题时，不应该总是依赖于既定认知结构，而是需要根据情境获取新的知识来不断扩大认知结构的范围。此外，个体通常不是基于一个概念原则，而是基于多个概念原则和大量直接经验的相互作用，来解决实际问题。因此，认知灵活性理论的核心问题是要多重认知问题，即从不同的角度、不同的时间审视一个概念。如此一来，不仅可以加深对概念本身的理解，而且可以提高概念的应用能力。

认知灵活性理论的另一个基本思想是概念和实际问题可以形成一个多维非线性的“交叉”形式，或以交叉为骨干的三维网络。事实表明，良好的、有根据的理解也可能因个体的体验不同而有所不同。“交叉”是指，从个体本身的印象或指导思想强化了新概念和原始概念，这是因为这种联系在与原始概念无关的概念之间建立了一种新的联系。当一个复杂的概念很难理解时，可以通过几个具体的例子加以说明，使其更具意义并且变得更容易理解。

随机进入教学模式的教学实践主要包括以下几个步骤：

①呈现基本情境：向学生呈现与当前学习主题和基本教学内容相关的情景。在这一步骤中，教学者需要对学生的认知结构有全面的了解，避免设计的情况超过认知范围，失去教学意义。

②随机进入学习：根据学生“随机进入”学习所选择的内容来呈现与当前学习主体相关联的情境。在此过程中，教师要随时注意学生的自主学习。

③思维发展训练：由于随机进入学习的内容通常较为复杂，所研究的问题也涉及许多方面，因此，在学习中，教师应注意发展学生的思维能力。

④小组协作学习：围绕呈现不同侧面的情境所获得的认识展开小组讨论。在讨论中，教学者应该注意认知灵活性理论的应用，为小组内部的所有学生的观点创造环境。同时，每个学生也对别人的观点、看法进行思考并做出反应。

⑤学习效果评价：包括自我评价与小组评价，评价内容与支架式教学类似。

以上五个环节之间没有固定的顺序，在实际教学中，各环节可灵活变动，甚至可整合为一体。

（四）锚定教学模式

锚定教学模式是一种基于技术的教学模式，它深受当前西方建构主义学习理论的影响。锚定教学与情境学习、情境认知和认知灵活性理论密切相关。

锚定教学模式主要的教学目标是使学生能够在一个完整且靠近现实情况的教学主题背景下产生学习动机，并通过嵌入式教学方法以及合作学习方式，使学生体验从确立学习动机到最终教学评价的整个过程。换句话说，就是教学者向学生展示完全透明的教学实践过程。

锚定教学模式的核心是必须建立在现实问题和情景的基础上。这种真实情景或问题的确立过程就像船只被锚定那样，一旦这些事件或问题被确立，整个教学内容和过程就可以被提前预知。

锚定教学模式认为，学习者对所学知识的认知结构建构的最完美的策略就是让其在现实世界的真实环境中感受和体验（即通过直接体验学习），从而实现对事物的本质和规律的深刻理解。而这种感受和体验无法从课程和教学者的描述中获得，因此学生才会产生新的学习动机。由于锚定教学策略基于真实案例或问题，因此有时被称为“基于实例的教学策略”或“基于问题的教学策略”。

锚定教学模式由以下步骤组成：

①创造情境：让学习在一个与现实基本匹配或相似的情境中进行。在这一步骤中，教学者应该提前对教学内容进行调研，从而创造合理的教学情境。如果情境脱离现实，锚定教学模式的失败也就在所难免。

②确立问题：在创造的教学情景中选择与当前学习主题密切相关的真实事件或问题作为学习的中心内容（让学生面对需要立即解决的真实问题）。选择的事件或问题需要来自现实世界，最好能够与学习者相关，从

而提升教学实践的成功率。

③自主学习：这一步骤，不能由教学者直接为学生进行实践上的技术指导，而是零散地向学生提供解决问题的依据（例如，收集什么样的数据，从哪里获得相关信息，以及他人解决现实中类似问题的探索过程）。教学者需要对整个自主学习过程进行组织和监管，随时关注学生的自主学习能力的变化。

④合作学习：通过对不同的观点讨论、交流、补充、修改，加深每个学生对当前问题的理解。

⑤效果评估：由于锚定教学要求学生解决他们面临的实际问题，所以学习过程就是解决问题的过程，也就是说，这个过程可以直接反映学生的学习效果。因此，评估这些类型的教学效果通常不需要独立于教学过程的特殊考试，而只需要在学习过程中随时观察和记录学生的表现。

根据建构主义教学模式的四种教学策略的实施步骤得知，情境的创造是决定性的一环。教学情境通常是指能够影响受试者并引发某些情绪反应的所有客观环境。从场景演示的内容来看，有故事场景、问题场景、资源场景、虚拟实验场景等。根据场景的真实性，有真实场景（如真实生活和工作场景）、模拟真实场景、虚拟现实场景（虚拟实验、虚拟技术）等。

简而言之，基于建构主义教学模式的教学策略离不开创设情境的关键环节，即情境教学。建构主义者主张为学生提供原型，以解决教学过程中的问题，并强调在特定情境中形成的具体经验在构建认知结构中的重要作用。由于解决具体问题往往涉及多个学科，因此有必要捍卫学科边界的弱化和学科交叉的加强。在教学过程中，教师应在课堂上展示与实际问题解决情况非常相似的探索活动。

第二节　高等数学教育教学的现代化应用及存在的问题

一、现代化技术的应用及存在的问题

当前，现代化技术应用大体上有以下两种模式：基于现代媒体技术的“现代高数课堂”；基于互联网络的“网络教学”模式。

（一）现代高数课堂

多媒体技术应用于教育领域后，在短时间内就被广泛地普及。尤其是高度现代化、信息化的大学课堂，根本上脱离了传统的黑板教学模式。多媒体技术提供的课件系统可以参与教学过程的控制，提供大量与课程相关的信息资源，为信息的获取、处理和表达提供便利。此外，通过课件系统，将教科书中的单调的文字和图形转换成更可接受的形式，如动画、视频等，多媒体教学使高等数学教学内容更直观、具体、相关、易于理解。在传统课堂，教学者永远无法把高等数学内容真正地带进现实世界，多媒体技术却能够背靠现实世界展示一些高等数学基本的概念过程和空间三维几何关系。

但更值得关注的是，尽管多媒体技术为传统课堂带来了本质上的改变，但也带来了前所未有的新问题。尤其是对于高等数学科目而言，这些新问题愈发地凸显出来。

1. 课件系统的模糊性

高等数学知识的内在联系是紧密的、网络化的、系统化的。上一阶段的问题遗留必定会加重下一阶段学习的难度。因此，大多数学生通常很难在流水一般的高校高等数学课程中保持高水平学习。建构主义理论认为，

学习数学不是一个被动地接受过程，而是一个基于学习者自身的认知结构的建构过程。因此，课件系统的设计必须考虑学生的差异性。

另外，多媒体技术应用下的现代高数课堂教学评价的结果与课件系统的图像丰富性、色彩清晰性以及声音的动态性密切相关，课件系统设计优秀的属性有利于加深学生对知识的理解和对知识的记忆。

总之，课程材料体系必须带有针对性和高水平的基本属性。然而，目前的课件系统显然无法满足以上两方面的要求。

从传统到现代，从黑板到课件系统，同样的问题仍然存在。根本原因是学生不被视为课堂的主体。因此，必须对课件系统的编制进行新的改革。当然，与高等数学教材改革背负沉重压力相比，课件系统的改革具有强大的生命力，甚至一个班级或个人的创新也会对整个课件系统的改革产生深远影响。

2. 多媒体技术的依赖性

灵感是数学教学的灵魂。在历史上，高等数学的每一步都是以牺牲数学家艰辛研究为代价的，有些成就甚至是几代数学家数百年来艰辛努力的积累。从这个意义上讲，数学教师的责任在于灵感的培养。但在多媒体技术出现后，却逐渐失去了数学教学的灵感。

多媒体技术在课堂上广泛应用后，逐渐呈现出泛滥的趋势。为了减轻负担，老师们完全抛弃了传统的课堂形式。在高等教育中，高等数学课上黑板整个学期都是空的，这种情况越来越普遍。所谓言传身教，学生们自然会对教学者的行为进行效仿。在很多数学软件平台上，一些高级数学问题根本不需要理解公式和定理，只需要最简单的操作就足以获得正确的解答，这样的诱惑学生是难以拒绝的。因此学生们利用原本用于学习和思考的精力来寻找更方便、更快捷的数学软件，高等数学课程的理论和实践意义早已变得无关紧要。学生很难激发学习兴趣，这严重阻碍了高等数学教育和教学的发展。

（二）网络教学

网络教学是以计算机网络为主体的现代教学方式。网络教学的主要特点是：为学习者提供开放的、丰富的教育资源环境；为学习者的个人发展提供思考的空间和时间，并满足学习者的个性化需求。

网络教学所提供的资源环境，为学习者创造了大量的团队协作和教学双方沟通交流的物质条件。对于现代高等数学教学所强调的理论与实践并重的教学目标而言，网络技术的应用加快了目标实现的步伐。基于此，网络教学的具体优点包括：

1. 教学的科学化

知识经济时代的到来，网络技术的发展水平决定着整个社会生产力的水平，这项技术也成为当前和未来科学的标志。如何提高学生在时代背景下处理信息的能力，是现代教育的主要教学目标。网络为教育工作者学习使用现代信息创造了条件。当实施网络教学时，接收到的信息资源可以来自本地的教育资源数据库，亦可以通过互联网分布在世界各地的信息源提取。教师和学生可以迅速获得世界上最新、最全面的教育资源和研究成果，教学评价可以被放在国际视野下去审视。可以说，网络教育是教育科学化的必然趋势。

2. 教学内容的多样化

教师可以通过互联网丰富自己的教学内容，获取本学科的最新知识和信息。例如，准备阶段的教学者可以使用互联网收集课程的各种参考资料，并学习国内外大学类似课程的教学要求、内容和教学方法，使课程的教学适应国际标准；教学者还可以使用互联网与其他学院和大学的教师取得联系，学习其在网络平台上获得课件系统的经验，并协同合作完成现代高数课堂上课件的系统改革。网络教学不受时空限制，因此教师可以随时随地地输入教学内容完成教学，也可以使用课件系统来清楚地表达课程的难点和关键内容。学习者可以随时随地通过网络接受教育，当学生独立面临无法解决的数学问题时，不会再陷入束手无策的境地。当教学双方同时在线时，教师可以随时随地做出教学评价，然后对反馈进行实时统计和分析。

3. 学生的主体化

在网络教育背景下，学习者和教学者的角色总是在频繁地发生转换。在传统教育中无法体现的差异化教学，通过网络技术在发挥主观能动性后就可以实现。学生的知识水平、学习兴趣、学习能力、精神意识、价值取向等方面存在着差异，这些差异也会随着时间和地点发生动态变化。在高层次的教育阶段差，异程度只会朝着越来越大的方向发展，传统教学方式很难消除这种差异感，教学者也无法适应。传统教学下死板的教学时间、教学内容和教学评价，与差异化教学是完全相悖的，严重限制了教学双方主观能动性的发挥，也阻碍了整个教育系统的改革和教学的进步。

网络教育实现“按需学习”，为个性化教学提供了技术支撑。让教学双方拥有了主观能动性的发挥空间，也为教育的改革和发展开阔了上升空间。

4. 教学组织形式的多元化

传统教育下的教学组织形式是单一的、难以改变的固定形式，当矛盾的转化陷入僵局，唯一的途径就是新技术的引入。网络技术为这摊死水注入了新的活水，让组织教学形式可以被连根拔起，使得矛盾继续发生转变。

在网络教育中，教学组织形式根本没有固定的形式，而是一个动态的生态环境。随着信息量的上升，教育组织形式可以更加的多元化。这是一种可持续的发展，也是教学改革的正确方向。高等数学教学的实践，教学者讲解、学习者倾听的组织形式可以互换，实施体验式教学。

5. 学生素质的合理化

学习者不必再被课程进度“绑架”，而是可以根据个体的学习进度对课程进度做出调整，根据自己的时间来分配学习时间。学生可以与教师分享各种信息和知识资源，扩大学习范围。学习者可以和教师讨论和咨询互联网上的具体教学内容，以提供个性化建议，实现个性化教学的目的。网络教学为教与学增添了新的维度和方向，形成了全方位、多渠道的教学模式，使学生的素质结构更加科学合理。

6. 教学资源由封闭型向开放型转变

“师资不足、资源有限”是影响我国高等教育大众化的关键因素。为了促进高等教育的普及，教学资源是最低保障。多媒体技术和网络教学技术极大地扩充了传统教育资源库，让学习者可以接受全世界名师的教育。从发展的角度来看，网络教育是一种先进有效的教育教学技术，网络技术为人们提供了一个广阔无垠的教学资源系统。在这样一个系统中，个体的认知结构建构，不再是简单的知识转移。

在国内，高等数学的网络教学仍处于初级阶段，教学双方对这项新技术的认知和理解程度十分有限。由于近年来新冠疫情的影响，高等数学网络教学得到了良好的发展环境。但正是由于这个原因，网络教育越来越多的问题被相继发现。

1. 网络教学意识存在差异。

网络教学是否能够达到预期效果的关键就在于教学双方对网络技术的应用是否能够为教学评价带来实际改变，而技术手段的提升则需要从对技术理解出发。在高校中，学习者对网络技术应用的理解明显高于教学者。大部分时间，网络技术从来不是教学者的第一选择，更不会产生主动意识。而这种差异性导致网络技术的优势无法真正体现，最终导致教学评价的成果与教学目标偏离。究其根本，是当前高校的教学者青黄不接，那些深受传统教育影响的教师很难增强网络技术应用意识。而现代教育培育出来的新时期教学者队伍缺乏教学实践经验，达不到传统教育的教育水平。

2. 网络技术的客观局限性，制约网络教学的普及范围。

相比于传统教育，网络教育必然要付出更多的精力和资金。另外，网络技术自身带有客观局限性，信息传输的速率、服务器的稳定、设备的先进都制约着网络教育的发展和普及。在教学实践中，一些教育资源丰富的高校有条件建立完整、全面的网络教育环境，而教学资源匮乏的高校只能原地踏步，网络技术在高等数学教学中的参与度极其有限。

二、现代教学观念的应用及存在的问题

观念更新是教学改革的先导和灵魂，科学的教育观念是指导大学教学改革的重要指导思想。传统的教育观念在现代教育环境中显得过时保守，重视知识传授而忽视人才培养目标和实践能力的培养，导致教学手段、组织形式和方法单一、缺乏互动。为了实现高等教育的目标和培养出具备专业实践技能的人才，我们需要转变教育观念，引入现代化的教学观念。

现代化教育观念注重能力培养，强调理论与实践结合，注重学生的话语权和创新能力的培养。它正确认识人才培养的政策，将教学目标从单一的知识传授扩展到全面发展学生的能力和素质。现代化教育观念强调师生关系的平等和谐，鼓励师生之间的互动和合作，创造积极的学习氛围。此外，多媒体技术的应用与教学组织形式和方法的多样性和灵活性也是现代化教育观念的重要组成部分。这些措施有助于激发学生的学习兴趣，培养他们的自主学习能力和创新能力。

树立正确的与时俱进的教学观念对于改变教学目标、内容、方式和师生关系至关重要。教师需要时刻保持对新知识和教学方法的关注，不断更新自己的教育观念。通过积极参与教学改革和专业发展活动，教师可以不断提升自己的教学能力和自我认知结构，更好地适应教育环境的变化，并为学生提供优质的教育服务。同时，学校管理者也应提供良好的教学环境

和支持，为教师的教学改革提供必要的条件和资源。

树立正确的教学观念有助于促进高校教学改革取得更大的成效。教育目标的明确性、教学方法的多样性和灵活性、师生关系的平等和谐以及教学质量的提升，都是与教学观念密切相关的。通过改变教育观念，我们能够更好地履行培养高水平人才的使命和责任，推动高校教育朝着更加创新和国际化的方向发展。

现代化教育观念注重教学中多媒体技术的应用。多媒体技术可以丰富教学资源，使教学内容更加生动和具体。通过使用多媒体技术，教师可以更好地展示和解释抽象概念，提供丰富的图像信息，激发学生的学习兴趣和好奇心。同时，多媒体技术也可以提供更多的互动和合作机会，使学生在教学过程中更加积极主动。现代化教育观念强调教学组织形式和方法的多样性和灵活性。传统的教育观念中，教学组织形式和方法相对固定，缺乏变化和创新。而现代化教育观念强调根据学生的特点和需求选择合适的教学方法和策略。教师应该灵活运用各种教学方法，如小组讨论、辩论、实践活动等，激发学生的学习兴趣和积极性，培养他们的创造力和解决问题的能力。

所以，相比于现代技术，树立正确的与时俱进的教学观念，才能真正改变陈旧的教学目标和教学内容、落后的教学方式方法和僵化的师生关系，也才能使高校教学改革取得更大成效，真正地实现教学质量的提高，完成时代赋予学校的培养高水平人才的使命和责任。

当前，国内高校的现代教育观念在高等数学教学实践中的应用已然逐见成效，主要体现在以下几个方面：

（一）“启发式”教学，提升创新能力和应用能力

高等数学是高校课程中必修的基础理论学科。它旨在培养中国特色社会主义现代化建设需要的高素质专业人才，在培养高素质科技人才方面发

挥着独特而不可替代的作用。通过高等数学的学习，高校学生可以为接受高层次教育、学习其他基础学科和大多数专业课程奠定必要的数学基础，并为这些课程提供数学概念、理论的理解、方法论和计算技能。作为未来相关专业领域的从业者，还必须通过学习高等数学提升解决现实问题的能力。

为了满足高质量教育的要求，高等数学课程首先需要改变的是对教学目的的理解。通过素质教育提高学生的素质侧重于教育的发展功能，而不是考试和选拔功能。第二个需要改变的是教学观念。素质教育关乎着整个国家人力资源的发展和所有高校学生的个体发展。因此，教学者不仅要在高等数学教学中重视数学理论，还要了解或掌握数学理论的推导过程，并上升到实践层面。现代教学观念下的高等数学实践转变为：学生独自参与问题提出、结论研究、应用实践的整个过程，过程中的方法由学生自主研究，应用实践的结果由学生自主控制。如此一来，学生可以从理论和实践两个方面学习高等数学，真正地学会高等数学，在“做”和“用”的过程中使用高等数学思维来建立起联系。现代教学观念下的高等数学教学实践的另一个变化是从小众数学转变到大众数学，从学习不必要的数学转变到学习必要的数学。“应用数学”的基本思想是每个人都必须学习高等数学，每个人都能学会高等数学，每个人都能在现实世界中应用高等数学。在这个视野下，高等数学的教学对象应该是“所有人”，而不仅仅是数学专业的必要教学对象。也应该让所有人都相信高等数学是生活和生存必需的。

通过高等数学教学来培养学生的素质和能力主要包括两个方面：一方面是使用高等数学的数学分析理论体系来建立严密的逻辑思维，使用高等数学比基础数学更高级的计算法则来正确快速地解决现实问题，构建个体的认知结构；另一方面是学会使用数学语言来描述客观世界和总结大自然中存在的规律。总的来说，就是通过高等数学来描述和改造现实世界。

高等数学中的数学分析包括各个数学概念和定理的基础理论学习，这些理论体系具有高度抽象性，大部分学生都难以理解和接受，是高等数学教学时最难实现普及的部分，但也是启发式教学实践达到预期成果的必由之路。计算法则包括微积分、无穷级数、线性代数，这些计算法则学习的门槛较低，上升到实践却需要深度学习。

当然，教学观念的应用必然是一个潜移默化的过程，而国内高校当前存在着以下问题：

1. 教师教学水平欠缺

教学理念应用的主要部分是教师，但目前国内高校负责高等数学教育的教师根本无法推动现代教育理念的应用。因此，高校应继续加快高等数学教师队伍的更新速度，并采取有效措施逐步提高教师的教学水平。由于教师的数学基础和教育理论水平不足以指导学生进入深度学习，启发式教学的实践只能停留在表面学习。此外，高等数学课堂上的教学案例设计不够合理，与现实世界明显隔离，不利于启发式教学实践的向上发展。

2. 高等数学教材内容相对滞后

应用型人才的培养目标是提高其实用性。因此，高等数学教学必须切实可行，抓住学生的学习方向，运用科学的教学方法，为学生创造一个新的学习环境。目前，一些具体的教材与时代需求不符，对学生计算能力、抽象思维和逻辑思维能力的培养不足，严重制约了我国应用型本科高等数学的发展。具体高等数学教材内容中普遍存在的问题是，高等数学逻辑思维占比过重，与数学知识应用的相关内容严重缺失。

3. 应用型本科高等数学教学方式不科学

我国启发式教学的主要问题在于脱离现实，教学方法相对落后，不能满足学生实际发展的需要。“灌输式”教学方法已经成为高等数学教育领域的“圣经”，这不仅没有为应用型大学数学教学创造可持续发展的学习环境，而且严重限制了教学的实际质量。

（二）“发现式”教学法，培养学生的数学思维能力

1. 注意类比思想的应用，让学生掌握知识之间的联系

类比思维是一种高等数学典型的思维方式。从建构主义理论的角度而言，类比思维为个体的认知结构建构提供了一个广阔的空间，是一种普遍使用的数学思维。逻辑上的严密性是高等数学知识体系的最大特征，从定积分到二重、三重积分，其计算方法和内容具有高度的相似性，教学者可以有针对性地引导学生使用类比思想来建立联系。从一元微分到多元微分，教学者同样只需要进行适当的指导就能够引导学生使用类比思想建立联系。

通过这种方式，教学者可以综合地对学生当前学习阶段和下一个学习阶段做出正确的教学评价，达到事半功倍的效果。学习者也能够通过这种方式巩固所学到的知识和降低新知识的学习难度。当然，发现式教学法的教学实践需要注意几点原则：首先，类比思想的使用必须建立在足够的知识水平和数学能力上，教学者要避免不合理的引导。其次，教学者应该建立完整和严格的教学评价，防止学生类比思想的错误使用。

2. 注重数形结合思想的运用，使知识化难为易

数学研究总是围绕着数与形来进行的。数（代数）和形（几何）是数学永恒的主题。从本质上看，代数与几何的转化和结合是一种抽象到具体的过程，协助学习理解抽象的代数问题，这在数学教育中是应用最广泛、最频繁的教学方法。在基础数学的教育中，数形结合似乎可以为学生解决代数时遇到的所有抽象问题，教学实践的成功率较高。在高等数学的知识体系中，数形结合虽然需要额外考虑代数与代数、几何与几何之间的转换和结合，但在高等数学的教学实践时，数形结合依然是提高教学评价水平的重要方法。积分是高等数学最重要的内容之一，它包括定积分、多重积分、不定积分等多种形式。在计算时转化为函数图像，再使用对称性、奇

偶性等性质计算定积分和多重积分是一种常见的方法，直接省去了复杂的代数计算步骤。由此可见，数与形的结合能加强高等数学的应用能力，拓展解题思维，培养学生的发散思维。

3. 注重辩证思想的运用，培养学生辩证唯物主义的世界观

高等数学蕴含着辩证法思想。教师在课堂上注重辩证思维的运用，不仅有助于培养学生的辩证思维能力，而且有助于学生形成良好的思维品质和科学的世界观。另外，数学语言和哲学语言的转化也是一种抽象具体化的方法。

（三）“知识结构专题”教学法，培养学生的自学能力

自主学习又被称为自我调控的学习，指学习者通过教学目标、教学方法、教学评价制定相应的学习目标、学习方法、学习评价后，根据自身的情况和需要，针对性地完成学习过程。

自主学习主要包括三个特性：

首先，主动性。

主动性是自主学习最重要的特性，是完成自主学习活动的关键。具体表现为两个方面：学习兴趣和学习需求。其中，学习兴趣由个体的主观能动性作用而产生，而学习需求则更多的来自外部因素的影响。学习兴趣的激发是一个复杂的过程，与个体的生理和心理素质紧密联系。如果一门学科无法同时引起学生生理和心理的变化，学习兴趣无从谈起，自主学习活动必然以失败结尾。而学习需求的产生则是一个多因素影响的动态过程，教育政策和时代发展的种种因素无时无刻不在改变学习需求。

其次，独立性。

独立性是自主学习的灵魂和核心品质。心理学理论认为，除了客观的生理缺陷外，每个个体都具有潜在的独立学习能力。不仅如此，在学习过程中，每个学生都有一种独立的需求，并渴望展示自己的独立学习能力。

这是独立学习理论的基础。但在传统教育和家庭的影响下，学生的独立学习需求和欲望长期被限制，独立学习能力随之退化。

因此，教师应充分重视学生的独立性，积极鼓励学生独立学习，为学生创造各种独立学习的机会。使学生发挥独立性，重新获得独立学习的能力。

最后，自我控制。

自我控制是自主学习活动从过程到结果的唯一管理方式，其外在表现包括自我规划、自我适应、自我指导和自我强化学习，即在学习活动之前，学习者可以设定自己的学习目标、制订学习计划、选择学习方法并做好学习准备。在学习活动过程中，学习者可以观察、审视和适应自己的学习过程、学习状态和学习行为；学习活动结束后，学习者可以自己回顾、总结、评价和纠正学习成果。学习者自我控制能力的提升，是促进学生自主学习的重要因素。

在高等数学的教学中，培养大学生独立自主学习能力，是教师和学生共同面对的问题。学生对于高等数学的自主学习能力并不是与生俱来的，大学生应当学会进行自我调节，学会自我激励，形成良好的学习习惯，训练自己的意志品质，使自己总是处于最佳的学习状态。

1. 培养学生良好的学习动机

学习动机是激励和促进学生学习的内在动力。一旦学习者有了强烈的学习动机，他们就会主动思考“学习什么”和“如何学习”。他们会根据自己的需求，制定明确的学习目标，抓住一切机会，克服困难，主动寻求知识。因此，自主学习的一个重要特征是学习者在内部或自身激发学习动机。学习动机是自主学习能力的培养。在高等数学教学中，教师不仅要传授书本知识，还要充分了解学生的个体差异，积极培养和保持学生的学习动机。例如在知识讲解过程中，教师引导学生欣赏数学之美，感受高等数学与其他学科的紧密联系，认识到高等数学是学习其他学科的重要工具，创造数学学习情境，加强学生对半世界研究的好奇心，通过数学学习不断体验成功，进一步促进数学学习。只要有强烈的学习动机，就有可能将被动接受知识转化为主动获取知识。由于学习动机受到设定目标、自我效能感、归因等因素的影响，教师应教导学生正确认识自己、正确评价并提高自我效能感。教师可以根据学生的不同水平制定不同的月度目标和任务，这样学生可以尝试加强他们的学习动机，并用行为的结果训练他们的学习自主性。

2. 引导学生树立自主学习观，形成适合自身的学习方法

自主学习的理念是学生在教师的指导下成为学习的主人、发展个性、提高水平的必然选择。这种学习观侧重于创造教育情境，激发学生积极学习的内在动力，引导学生学习，这是对教师的最大认可，也是对学生在教学中的主导地位的强调。可以认为，教师在高等数学教育中的主导作用是非常重要的。然而，不能忽视学生的主体性，因为学习发生在学生的头脑中，其他人无法取代。

学生是一门学科学习过程的主人。因此，高等数学课堂上的老师应该帮助学生培养正确的学习态度、学习热情和积极的学习行为。随着学生智力水平的提高，教师应加强学生的主体意识，引导其充分发挥主体作用，自觉、果断地学习，树立自主学习的观念。教师还应该激发学生的学习动机、学习兴趣、情感意愿、个性等。在整个学习过程中让学生以协调的方式发展，掌握好的学习方法，勇于思考，并相应地研究和开发一系列具体和适当的学习方法以促进他们的学习。例如，数学课上的教师应及时指导学生反思、正确识别和评价他们的数学知识、技能、学习能力和方法，掌握学生的兴趣、爱好和个性，发展他们的优缺点，并及时提供指导和帮助。同时，学生也要分析自己的主客观条件和因素，复习总结自己的学习方法，注意消化吸收他人的学习经验和方法，但也不能盲目照搬。总之，大学生在学习数学的同时，可以形成适合自己特点的学习方法，这可以为进一步学习、工作和研究创造有利条件。

（四）高等数学哲学教育教学法

高等数学课程包含丰富的思想政治教育元素，如严格的数学定义，有价值的学科，数学之字形发展史，杰出数学家传记等。教师在研究高等数学学科时，可以思考政治要素，将高等数学与马克思主义理论有机地结合起来，在高等数学学科的研究和管理中发挥领导作用。研究如何将哲学和哲学教育课程纳入高等数学教育课程，并将其应用于高等数学教学，主要有四个方向：联系、融合、指引、立德。

1. 联系

尽管高等数学与思想政治有着深厚的渊源，但两门学科的联系绝不是简单的互通。教学者需要从宏观和微观两种角度去建立联系，并为联系的实现设计教学策略。从宏观的角度来看，思想政治教育和高等数学的理论基础，属于一种归属关系，高等数学实际上是哲学的分支。因此，教学者可以从两种学科的历史渊源入手，提升高等数学的趣味性，使得高等数学课程变得容易接受，加深高等数学思想本质的理解。从微观的角度来看，高数学数的概念和定理处处都蕴涵着哲学思想和思想政治元素。高等数学中极限的概念诠释的是一种不断追求、无限接近的过程。利用极限，可以对学生的精神属性进行启发，促进对“不忘初心，方得始终”的理性理解，令学生的数学能力和思政能力都能够有所提升。此外，定积分诠释的是一种量变引起质变的过程。在教学时，可以用哲学思想来对比较抽象的“微元法”进行解释。关于实现联系的教学策略设计，教学者可以借鉴人文学科的教学方法，将传统的概念描述、举例说明、解答问题教学程序引进思政元素。在概念描述环节，可以使用哲学语言解释极限、积分、级数等概念。在举例说明环节，可以将数学案例更换为哲学案例，以哲学思想理解高等数学定理。在解答问题环节，教学者可以根据当堂课程所教授的内容找到相应的哲学问题，用新知识和概念解决。

2. **融合**

学科之间的融合不只是数量关系上的变化，而是一种深度的结合，可以通过直观感受到的一种结合。

在教学内容的融合上，需要坚持高等数学课程主体地位，重新设计和构建教学内容，使思政元素有机融入高等数学课程教学内容。从当前高等数学哲学教育的教学实践所取得的成果可以发现，很多大学已经出版了专用教材来保证教学内容的融合。具体表现为：在极限的概念和定理中加入相关的思想政治批注和标记，在课后习题设计中加入相关的思想政治习题。

在教学方法的融合上，思想政治教学方法已经开始广泛应用，包括理论教育法、比较教育法、典型教育法，这些思想政治教学独有的教学方法为高等数学教学带来了新的思路。具体表现为：理论教育法也叫理论灌输法或理论学习法，是有目的、有计划地向受教育者进行马克思主义理论教育，或受教育者系统学习马克思主义理论，逐步树立科学世界观的教育方法。在高等数学教学中，教学者可以通过马克思主义原理对定理和概念重新理解，也可以通过马克思主义原理为学生建设精神世界，避免应试教育过多地影响学生的价值观。比较教育法是将两种不同现象或事物的属性、特点进行比较鉴别，引出正确的结论，以提高思想认识的方法。在高等数学中，微分和积分的教学就是比较教育法最好的案例。利用比较教育法可以为学生揭示其本质，降低概念和定理的学习难度，从而激发学习兴趣。典型教育法也叫示范教育，它是通过典型的人或事进行示范，教育人们提高思想认识的一种方法，类型分为正面典型和反面典型。在高等数学的发展史中，有无数的典型，教学者可以利用正面和反面典型帮助学生全面地提升数学思维的认知水平。

3. **指引**

是指通过思政元素融入教学，实现正确的价值引领。在高等数学教学中，理论价值和实用价值一直都是影响其教学实践走向的两大因素。多年来，高等数学教学改革都致力于在两种价值观之间寻找正确的价值引领，但苦于没有价值衡量标准，高等数学正确的价值很难得到保障。而思想政治教育就是最好的价值衡量标准，能够始终为高等数学教学作出正确指引。

4. **立德**

“立德”是指立德树人，立德在先，树人为基。思政教育的进行需要一个核心、一个支柱，才能使得教学者紧紧围绕社会主义核心价值观建设高等数学哲学教育，引领整个国内高校意识形态健康发展。立德就是高等数学哲学教育教学的核心、支柱，并将其作为教学评价中的一项重要考核指标，将高校立德树人的理念落到实处。

第四章　高等数学教育教学现代化的改革措施

第一节　技术层面下的改革措施

考虑到现代教育技术在高等数学教育中的应用现状，他们的融合程度明显不足。换言之，这些变化只是形式上的变化，高等数学教育根本无法从实质上加以改进。高等数学教育在技术层面的改革是必然的结果，而改革成功的保证是高等数学教育与现代技术的结合。因此，改革过程中必须注意以下策略：

一、从深层次整合信息技术与数学课程

信息技术的引入将导致数学教学内容和方式的改变，但这种改变可能是表面的，也可能是深刻的，这取决于教师主观能动性的发挥。如前一章所述，许多大学教师可能认为，现代技术只是在课堂上展示知识的一种手段，而更多的教师将现代技术仅仅作为缓解知识压力的手段。很明显，使用现代技术的课堂与传统板书的课堂并未出现明显差异。这无疑是一种浅层次的整合，这也意味着教师无法用现代技术从根本上改变他们的教学方法。

改革深度的关键不在于技术的先进性。如果改革是肤浅的，即便是使用课件系统再先进，对信息技术的使用再精通，最终的结果都无法有实质性变化。通过研究今天的很多教学改革实践就可以得知，尽管教学者付出

了大量的课件系统制作成本，加入了精美的图像和明亮的颜色，但教学评价的结果还是没能达到预期。

高等数学的教学目标并不是记住许多公式或数学符号，而是要协助学生形成严格的逻辑思维方法，基于高等数学理论建构认知结构。因此，思想和方法的融合才是真正意义上的深刻变革，也只有深刻的改革才能使得教师教学技能获得突破性进步，达到预期的教学效果。

要实现深刻的高等数学教学改革，高校的教学者首先应该从意识上转变对现代技术的理解。基于现代教育理念和现代信息技术，以高等数学课程为中心，亲身参与到课件系统的设计过程。其次，在教学活动中强调学生在教学中的主导地位，对学生的个体差异充分考虑。最后，将提高学生的数学能力和解决现实问题的能力作为教学目标，有目的地帮助学生从理论和实践两个层面得到提升。

二、加强教师现代教育技术和教育理论的培训

高水平的现代教育技术是实现高等数学教学现代化的先决条件。而现代教育技术的水平评价标准则是现代技术与教育技术的融合程度。要加深融合程度，教学者需要兼顾两个方面的理论水平培训。先提高教学者与现代技术和教育技术相关的思维和理论水平，逐步提高教学者对现代教育技术的理解。然后，自发地将理论与高等数学知识体系融合，只有这样，才能真正实现现代教育技术的深度改革。

三、根据不同的学习内容选择不同的多媒体技术

现代教育技术与数学的融合旨在优化教学过程，提高教学任务的完成率，提高教学质量和效率。使用哪种媒体更明智？哪种媒体最能激发学生的学习兴趣，充分解决困难和疑虑，并达到事半功倍的效果？所有这些问

题都必须从数学课的内容入手，根据学生原有的认知基础、认知水平和心理发展特点，根据不同学生的需要，进行比较、筛选，选出最适合的媒体。切勿遗漏具体的教学内容，盲目追求创新和变革，将导致对数学教学的过度要求和走进误区。在高等数学的教学中，视频技术的应用往往是最常用的现代技术。如果教学内容的连续性很强，可以通过普通的视频软件进行回顾。如果课程内容需要展现复杂、抽象、多变和动态的过程，则需要选择专业的视频软件进行过程演示。

四、“现代”型教师与“传统”型教师互相整合

信息技术的改革和数学高等教育的应用并不是所有数学教师提高的唯一途径。信息技术的应用需要一个漫长的过程，为了给一些高校教学者施加不必要的压力而要求每个人都上多媒体课是不符合现实条件的。此外，传统高等数学教学方法的教学效果有时是不可替代的。因此，在高等数学教育中应用信息技术，不能完全放弃传统的教学方法的补充。

五、提升教学评价的多元化

目前，普通高校数学信息学教学评价体系有待进一步完善。不恰当的教学评价方法可能会导致不可预估的问题发生，一些学校甚至将信息技术用作教学评价的工具。现代教学与传统教学的区别在于，它强调学生在课堂上的主导地位，学生是学习的主体。因此，在对教学质量进行教学评价时，不应该只是考虑知识层面。例如，教学者在课堂上是否调动了学生的学习兴趣，是否与学生进行了良好的互动，学生是否在课堂上完成了新的认知结构建构。总而言之，对高等数学教学的现代化实践是否成功做出正确的教学评价，主要应该从教育、实践、科学、艺术和技术等方面来综合评价。在课程内容的选择上要秉持正确、合理、严谨的态度，符合现代教

育理念。在现代技术的选择上，应该恰当而巧妙，以创造一种轻松自然的教学环境。

第二节　教育观念层面下的改革措施

一、“启发式”教学法的改革措施

（一）加强学习兴趣

良好的开端在高等数学中尤为重要，因为与全局相关的基本概念，如极限、导数和相关原理，被放在了整个高等数学知识体系的首要位置。因此，当高校学生第一次接触到高等数学知识体系时，就会很难进行下一阶段的学习。知识体系的门槛较高，还会使学生对高等教育的教学风格、方法和内容产生不适应的心理。此外，刚刚结束初等数学学习的学生学习兴趣普遍不高，在入学后，容易对高等数学的学习有一种恐惧和缺乏信心的感觉，甚至有放弃的想法。情绪在认知的定向、选择、适应和激活中发挥作用。因此，当学生开始学习高等数学时，建立和谐的师生关系，营造良好的教学氛围，克服严重影响教学效果的心理障碍，加强学习兴趣，才能够为整个高等数学课程奠定坚实的基础。

在教学内容的选择、起点的确定、教学方法和教学方法的设计等方面都应贯彻“深入浅出”的基本教学原则。如果教学从抽象到抽象，过于深刻，学生无法理解，只会增加对高等数学的恐惧，失去学习的信心，降低学习的兴趣。

所谓深入，就是教学者深入解释高等数学的基本概念、原理和基本公式的含义、内在联系和严格的逻辑关系，使学生能够深入理解并获得清晰的概念。掌握基本公式和定理，能够进行精确运算和逻辑推理。这包括教学和学习。当然，深入需要带有针对性，避免在一些非重点的内容上反复纠结，造成教学工作的低效。在高等数学开篇的极限一章，教学者就应该深入地解释其概念和定理，确保学生达到深入理解的预期效果。教学者应该明白，极限概念和定理的深入教学值得付出教学成本。此外，需要设置严格的教学评价，确保学生真正深入理解极限概念。

而浅出则是指以相对简单的内容为起点，运用易于理解的方法，使学生能够掌握抽象概念、深刻理论和冗长结论。

只有深入学习，学生才能消化和吸收所学知识，从其他案例中得出结论，通过与下一阶段的新知识类比理解并激发新的学习兴趣。如果只是肤浅的描述和理解，没有进一步的深化，学生无法持续保持高水平的学习兴趣。当学生深入地理解极限概念和定理后，就会容易对洛必达法则、泰勒定理等一些极限计算的辅助方法产生求知欲，激发学习兴趣。

唯有将有效的简单解释与适当的深入理解相结合，才能催生出相对持久的学习兴趣，加深理解和加深兴趣相辅相成，使得高等数学的教学活动可持续发展。高教教学改革中，教学者应根据课程内容和认知结构建构理论，精心设计教案，采用不同的教学方法进行教学，营造良好的教学环境。

（二）加强启发性

现代认知心理学认为，人类从外界获取知识的过程实际上是一种内部的构造过程。通过交流、沟通等方式从外界获得的知识只有在被接受者内化后才能被理解、掌握和使用。也就是说，新获得的知识可以与学习者头脑中原有的认知结构相互连接和重构。教科书的内容和教师的讲解都是从外部获取的知识，书面符号和语言信息只有通过学生自己的认知活动才能理解和使用。高等数学基础理论的教学包括教授基本概念、定理、公式和计算法则，这些知识都可以从外界获取。但概念的形成、定理的证明、公式的推导和计算法则的使用都必须经过学生自己内在的积极思考活动才能够理解，再与认知结构中现有的知识连接，通过抽象和论证建立新的关系，最终完成个体认知结构的构建。相比于从外界获取，内部的认知结构构建才是基础理论实践最关键的部分。

教师的主要作用是加强启发，引导学生独立开展此类认知活动。这不仅是一个获取知识的过程，也是一个应用和提高技能的过程。认知心理学描述了知识是如何通过构建认知模型在个体中组织或呈现的。它更清楚地展示了人类心灵内部知识的各个组成部分是如何以某种方式构建和相互作用的。在教学时向学生揭示知识结构将有助于教师通过类比思维发现高等数学定理之间的联系和区别，从而提高迁移、联想和思维能力。通过主动学习，教学者可以帮助学生扩展知识，改善或重建其认知结构，使其掌握应用知识的能力。

高等数学的极限内容，其研究对象是变量之间的关系及其规律性，其基本思想方法是：无限微分，取极限。在无限微分过程中，变量趋于不变，变速趋于一致，从而将不存在的极限转为存在的定量，简化极限的思维过程和具体化极限的抽象概念。因此，极限运算是高等数学计算法则的基础，类似于“高等数学中的四则运算”。

此外，在无限微分过程中，变量增量之比（即变化率）的极限是导数，变量增量是微分，变量增量之和的极限是定积分。“无穷小，取极限”是微积分的基本思维方法，是贯穿整个微积分的主线。极限、导数和积分的运算法则构成了高等数学计算规则，相关的计算规则是学生计算能力的基础。整个高等数学的上半部分内容就这样被串联起来。

（三）加强应用性

鉴于当前高等数学教科书中的大多数练习都是计算问题，应用问题很少，因此有必要进行调整，充分减少技巧性的计算问题，并增加实际应用问题，尤其是那些与专业实践有关、和现实世界结合较为紧密的应用问题。

二、“发现式”教学法的改革措施

（一）提升学习兴趣

1. 挖掘教科书中的数学之美

数学世界是一个充满美学因素的艺术世界。数学中的许多公式和定理从内容到形式都给人以强烈的美感，例如高等数学中的牛顿–莱布尼茨公式和格林公式，完全展现了数学的简洁、对称和和谐之美，其丰富的内涵令人惊叹。又例如，从幂级数展开式推导出的欧拉公式展示了指数函数和三角函数之间的关系，这些联系都体现出严密的数学逻辑的美学意义。在高等教学教学中对这些奇妙而迷人的数学公式进行审美活动，不仅可以培养学生的情感，还可以激发他们学习数学的热情。

2. 加强应用环节教学

它是具体化抽象数学理论和方法的重要手段，是加强高等数学教育中应用联系教学的重要手段。课程可以通过结合学生的专业和实践实例来激发学生的学习兴趣。例如，在偏微分导数的概念教学时，除了在关于速率问题的书中介绍变速线性运动的速度，教师还可以介绍一些专业的速率问题。导数领先于高等数学课程。只有在这个阶段，我们才能理解高等数学的应用，逐步发展这种能力，并且不会对微分方程相对困难的物理应用感到陌生和厌倦。

3. 营造良好的课堂氛围，鼓励学生的学习热情

良好的教学氛围可以鼓励学生积极思考，提高教学效果，提高学习积极性。在教学中，一方面，教学者应该将封闭式教学转变为开放式教学，比如教师提问，让学生进行课堂讨论，让学生表达不同的观点和意见。一些问题可以由教师在课堂上分析和回答，而一些问题则给学生留下思考和

想象的空间，引导学生学习，并激发学生在研究知识时主动提出问题和解决问题的强烈兴趣。另一方面，教学者应该善于运用语言艺术，将其与教学内容相结合，活跃课堂气氛。

4. 恰当应用教学软件

《高等数学》教学辅助软件的出现，对调动学生的主动参与积极性起了不容小觑的作用。多媒体技术本身带有一定的娱乐性，为严肃的高等数学课程注入新的活力因子，从而激发学习兴趣。例如把定积分的几何应用的过程用二维动画形式表现出来，让概念变得更容易接受同时吸引学生的注意力。另外，适当开始数学实验课，利用Mathematic、Matlab等数学软件，使学生加强对高等数学的应用性的理解，直观感受学科的发展现状和前景。而且能给学生一种全新的感觉，激发学生的学习积极性。

5. 开设第二课堂

基于学生现有知识水平，开设第二课堂向学生介绍高等数学的先进研究和理论。第二课堂的形式可以包括讲座、数学实验、网络课程等。

在第二课堂选择上，教学者应该尽可能选择宏观的高等数学内容、与人文学科相关的高等数学内容，让学生从感性的角度认识高等数学世界。一方面拓宽了学生的知识面，另一方面提高了学生学习数学的兴趣，加深了其对高等数学的理解，同时对学生掌握课堂所学内容也有间接的帮助。

此外还可组织数学实践活动，例如举行建模竞赛，学生通过参竞体会到了数学在解决实际问题中的作用，从而激发其进一步学好数学、用好数学的强烈愿望。

（二）积极倡导发现教学是培养数学创造性思维的基础

发现教学是根据数学家或教科书提供的材料和问题，通过学生自己的积极思维活动，探索和发现数学概念、定理、公式和解决问题的方法。发现教学法的本质是揭示思维过程，即揭示理论知识的形成和发展、问题的形成以及学生分析和解决的过程。在课堂教学中，思维过程也被称为知识发展过程，这实际上是揭示和建立新旧知识关系的过程。它涉及在新知识和个人之间建立新的感知联系，知识生成的过程，包括概念的形成、结论的探索和推导，以及方法的思维过程。长期以来，数学课堂上存在着忽视知识生成过程的现象，以至于课堂上的知识生成过程收缩和减弱，应用过程过度膨胀，数学教学成为一种容易得出结论的方法，但学生的思维活动却缺失了。结果是学生对数学的理解低，健忘率高，能力低，负担过重。此外，它还阻碍了学生思维能力的提高，延缓了良好知识的形成。

高等数学教育的一般过程包括：明确数学概念的定义、名称和符号，掌握数学概念的基本属性，突出关键词；将数学概念按照不同的特征分类，以便于数学概念的外延；整合数学概念并使用数学语言做出解释；加强数学概念的应用和联系，用数学概念解决问题，并且将数学概念与其他概念联系起来。

这个过程简单明了，易于使用，学生可以更直接地学习高等数学知识体系内的各种概念。然而，这个过程侧重于概念的逻辑结构，学生对概念构建过程没有经验。上述应用程序可能希望完成知识的发生和应用之间的关系。两者相互依存，缺一不可。知识获取过程主要揭示了认知结构建构的内在原因，而应用过程只揭示了知识在一定外部条件下的应用。只有充分揭示内在原因，才能揭示知识的本质特征。只有掌握了知识的本质，学习者才能在外部条件变化时正确地应用知识，才能正确地解释知识的外部属性的原因。基于第一章所阐述的高等数学思维特征，特提出以下教学过程：

1. 揭示数学概念的思维过程

在高等数学概念课上，教学者不应该把定义一股脑地灌输给学生，使得学生简单地用单词记住数学概念。而是需要关注概念形成的过程，帮助学生建立数学概念认知。或者使用其他方式来引入数学概念，许多数学概念来自实践，在课堂上，教学者应该首先创造实例让学生感知，然后分析和综合，抽象和总结思维活动。数学概念是人类思维的创造，教学概念的教学是培养人才创造性思维的绝佳机会。

2. 数学规律形成的思维过程

数学规律（包括计算法、性质、公式、公理、数学思维和数学分析）的教学应经历从具体到抽象再到具体的过程，以获得数学规律形成的过程活动内容。在这个过程中，高等数学的方法论体系就会逐渐显示出来，理论实践互相转化的潜在意识就会替换个体既定认知结构中的内容。因此，教学者应该做一个充分的课前准备，多方面了解教学内容中的数学规律形成过程。知道是什么和为什么，在传授规律形成的过程活动时给予合理的指导，达到启发的目的。

3. 揭示解决数学问题的思维过程

通过揭示解决数学问题的思维过程，学生可以学会思考并不断提高分析和解决问题的能力。在教学中，传统的高等数学教学总是把重点放在解题的技巧性上，仅从公式和定义的技能层面让学生获得解决问题的能力，但这种迎合教学评价所设计的数学问题很难提升思维能力。因此，应该把重点转向揭示解决数学问题的思维过程，从技能层面上升到思维层面。指导学生找到数学问题解决方案的突破口，获得或提升数学思维能力。

4. 揭示知识总结的思维过程

高等数学的知识体系本身是一个有机的整体，每个部分都有密切的内在联系。当对所学知识进行分类和系统化时，有必要揭示和明确不同部分之间的关系，分析和比较它们的相似性和差异，在个体的认知结构中形成特异性的知识体系。今天教科书中的定义、概念、公式、公理和定律都是数学家创造性智慧的结晶。但由于多方面原因，呈现给学生的只是直观有形的文字和图片，无法发现过程中无形的价值。

有研究表明：用内心的创造与体验的方法来学习数学，才能真正地掌握数学。在数学教学中，教师遵循数学本身的发展规律，启发学生学习和借鉴数学家的思维方式。通过引导学生阅读、观察、实验、比较、综合、概括、讨论等方式，使学生自行发现问题、主动研究问题，进而解决问题。因此数学教学要展现数学的思维过程，要让学生参与实现数学化的过程，独立自主地去“发现”结果。

（三）培养发散思维能力是发展数学创造性思维的核心

发散思维理论的创始人吉尔福德认为，发散思维是创造力的重要指标，即数学中的新思维、新概念和新方法通常源自发散思维。发散思维是一种开放的思维、一种表达，是一种非常规的、不受限制的、完全自我表达的联想。发散思考将寻求的对象、方法和结论置于一个可变的位置，以适应不同类型的思维。观察、反思和探索可能性，敢于提出关于未知的大胆想法。敢于与认知结构中既定的刻板印象和偏见斗争并进行矛盾转化。从多个角度关注特定问题，从不同的方向思考，并重新整合认知结构中的现有信息和错误信息，利用联想和想象产生新的信息。

为了培养学生的发散性思维，教师首先应该提供更多关于发散性问题的材料，从多个方面获取这些材料，并从教科书中挖掘出来。其次，要引导学生多方位实践，多角度思考，多层次切换，解决问题。不断点燃学生多向思维的火花，激活思维，拓展思维，培养和发展学生的创造性思维素质，提高思维能力，发展智力。通过解决一个问题，将一类问题与多个问题进行发散思维联想。

让学生以多种方式进行练习，从而使学生认知结构中的知识尽可能地与正在寻找和发现的问题联系起来，突破知识点和学科的界限，并在多个方向上发散思维，从而在培养学生数学思维的深度、广度和灵活性方面发挥积极作用。

（四）养成质疑反思的习惯是发展数学创造思维教育的起点

从某种意义上说，人类所有的科学成就、新思想、新理论、新想法、新发明和创造都始于怀疑。俄罗斯生理学家巴甫洛夫指出，怀疑是发现问题的根源、研究的动力和创造的前提。毫无疑问，学生很难有新的想法。提出问题往往比解决问题更重要。因为解决问题通常是一项数学技能，学生需要创造性的想象力来提出一个新问题，一种新的可能性，并从一个新的角度看待旧问题。

综上所述，提问和反思是学生学习和创造的开始，是发现的源泉，是创新思维的动力和起点。所谓问题和反思，就是彻底审视和研究问题和思维过程，从新的角度提出新问题，分析和解决新问题，从而产生新思维。事实证明，提问和反思是一种积极的思维活动，也是一种探索行为。在数学课上，学生通过提问和反思来跟随数学家的思维，像数学家一样思考。在寻找问题解决方案的过程中，会有成功的探索，也可能会有失败的教训。估计和猜测可能会导致错误，但教师需要以正确的态度看待错误。在老师眼中，学生的错误往往具有教育意义和深刻的意义。

在高等数学教育中，教学者应充分利用高等数学思维的特点，采取界定错误、识别错误和纠正错误的教学评价方式。优化学生思维质量，提高学生创造性思维能力。

纠错是指有意识地使用和分析学生在学习过程中犯的各种错误，教学者可以定义概念错误或缺失错误。对问题、不完全性考虑不足，即没有考虑概念、定理和公式本身的边界，也没有彻底考虑参数和图表位置的不确定性。

可转移错误是利用数学思维的相似性对现有知识的推广、延伸和应用，分为正向转移和负向转移。可转移错误是由概念不清晰、对问题考虑不周、思维僵化、只看到问题的相似性而忽略差异造成的，从而导致负向转移，如错误判断、主观假设、条件变化和概念理解偏差。容错率是发展创造性活动的重要前提。它能够快速总结学生在作业、练习和测试中的错误，识别典型问题和常见问题，洞悉个体的思维过程。引导学生辨析，鼓励学生深入表面，把握问题本质，全面、多角度分析问题。鼓励学生不要盲目追随，不要追随他人的意见，而是坚持自己的观点，识别并纠正错误，有意识地控制思维过程。

（五）积极培养学生的直觉思维能力，鼓励学生合理猜想

直觉思维是一种基于头脑中的知识和经验，基于大量观察数据的思维过程，做出合理的假设，突然找到研究、解决的契机，对现象产生非常直接的假设的思维状态。直觉是思考的感觉，只有通过这种感觉，人们才能理解事物的现象。此外，直觉也可以是思维洞察力的来源，用来理解事物的本质和规律。直觉思维是创造性思维的必要组成部分，不受逻辑限制，具有突破性、创造性。

笛卡尔认为，通过直觉作为思维的起点，个体可以找到不可否认的清晰概念。由于教科书过分强调逻辑系统的准确性和批判直觉思维的非逻辑性，教师长期以来对直觉思维不够重视，甚至有意识地遗漏对学生直觉思维能力的培养。缺乏感性思维，没有一双发现价值的眼睛。这种类型的训练特别强调训练学生的逻辑思维，而没有教会学生勇敢地做出适当的猜测、联想和似是而非的论证。这意味着在教学中没有注重直觉思维的教学，根本不利于数学思维的培养和发展，与现代教育目标严重相悖。在高等数学教育中，教师应鼓励学生进行合理的猜测，并通过归纳猜、模拟猜、直觉猜等方法积极培养学生的直觉思维能力。

（六）加强学生逆向思维能力的培养

逆向思维挑战了思维方式的保守性，是一种与常规思维习惯方向完全

相反的有意识的思考。这通常可以帮助学生获取学习新思想、新方法并重建新的认知结构。但要在意识中形成稳固的、与常规思维习惯完全相反的思维形态，需要强有力的干预措施和较为综合的策略。在高等数学中，我们可以从以下两个方面培养学生的逆向思维能力。

1. 用定义、公式和定理进行可逆性训练

在大学数学中，在教授定义、公式和定理时，教学者应该注意培养学生对知识逆向应用的意识。可以肯定的是，逆向定理几乎可以应用于高等数学中的所有定义、定理、计算法则。

例如，积分的定义、定积分、级数的收敛性、函数的幂级数、函数的导数等。学生的问题解决通常是直接应用定义、公式、定理等，但没有相应的逆向思维。为了培养定义、定理和公式的逆向思维，应进行有针对性的教育和培训，使学生理解定义、定理、公式的可逆，加强知识联系，在掌握高等数学的同时应用高等数学。

2. 使用传统的解决方案或论点，以相反的方向思考

高等数学问题的解答方法通常是多样性的。教学者只需要在各种传统解决方案的基础上进一步扩展和延伸，就可以得到巧妙的问题解决方案。因此，利用转项的习题就可以训练学生的逆向思维能力。在数学的实践课上，教学者应该积极地将学生常规的逻辑思维朝相反的方向引导，将其作为解决问题的策略。在解决问题时，当直接思维遇到困难时，可以考虑逆向思维；当直接证明方法受阻时，可以采用反证的方法，通过证明可能性的错误来验证不可能性的正确。在推广应用范围后，这种逆向思维必然会产生更多新的想法和方法。

第五章　高等数学教育教学现代化模式的构建

第一节　现代技术下高等数学教学模式的构建

教学模式是指在教学目标、教学理念、教学内容和教学方法的理论指导下，在外界教育资源的物质支持下，教学环境中的不同要素之间形成的一种稳定的关系和活动过程结构。

传统的教育模式侧重于“教学”，这种教育模式主要关注课堂上的教学活动，排除了所有课外活动，忽视了专业技能，并将学科知识体系的传授作为其唯一的目标和目的，缺失了对学生创造力、认知能力的培养。显然，这种类型的教育模式堵死了向上的发展空间，违背了高质量教育的原则，不能满足科学技术和社会发展的需要，必然被社会淘汰。

信息技术和高等数学课程整合和发展引起了教学方法的变化，在教学过程中，教师作为个体学习活动的组织者、引导者、帮助者和推动者，应创造学习过程所必需的学习情境，降低知识接受难度，并积极参与学习过程，实现主动学习。信息社会的发展也强调，学生的学习不再是知识的记忆，而是创造性思维和创造力，以及获取、分析、处理和使用信息的能力的养成。因此，信息技术与课程的整合可以从以下四个方面构建新的教学模式。

一、以现代信息技术为工具的教学模式

在新的教学模式下，课堂不再局限于黑板和讲台，而是可以借助多媒体工具和软件从视觉、听觉等多个维度进行教学。此外，学生的学习和探索应通过不同的媒体和软件实现，所有类型的计算机网络也可以是教师和学生以及学生之间交换信息的工具。在此基础上，应提供教师的建议和学生的反馈。

（一）以现代信息技术教学模式为资源

高质量教育同时重视知识和技能，不再片面依赖知识层面上的记忆。因此，在教学模式的构建时，必须基于知识和技能的内在学习环境从外界选择信息量更广泛的教育资源。现代信息技术提供多样化的教育资源，如音频和视频文件、多媒体教学软件、电子图书馆等信息载体形式。不仅如此，网络本身就是世界上最大的资源库。在高等数学的教学活动中，一些传统教学无法提供的先进知识体系和教育理论，例如现代积分理论、拓扑结构理论、高等数学哲学教育理论等教学资源变得随处可取，使教学双方共同受益。

（二）以现代信息技术教学为环境

现代信息技术的应用可以构建不同的教学环境，如多媒体综合教室、线上网络课堂、高等数学实验课堂等现代课堂。在这些现代课堂上，多媒体技术、网络技术和虚拟现实技术的应用可以创造和描绘各种现实的学习情境和教学情境，将高等数学抽象的概念与现实世界紧密结合，激发学生的思考和探索。

（三）利用现代信息技术实现合作学习的教学模式

在传统教学的教育理念下，对合作学习的认知是浅显的、不够客观

的。尽管获得了一定的教学实践经验，但在现代教学的应用依然是行不通的。现代教学的合作学习不只常见的多个学生组成的团队学习，还有多个学科交叉进行的学习方式。当前实行的高等数学哲学教育就是一种新概念的合作学习，在这种形式下，高等数学的知识体系可以换为哲学理论、语言、定义来给予教学。

二、信息技术与高等数学课程整合的教学模式

建构主义理论认为，为了建立对新知识的理解，不仅要把新知识与已有的适当知识联系起来，而且要把新知识与原有的认知结构结合起来，通过结合形成新知识，对认知结构实现替换或重组。数学认知结构是指学生根据理解的深度和广度，结合自身的感官、感知、记忆、思维、联想等认知特征，在头脑中由数学知识构成的一套内在规律。信息技术在高等数学课程领域的干预可以通过整合新旧数学教学方法促进新数学教学方法的出现，充分体现以学生为中心的数学教育的价值取向。数学综合教学模式应确保学生有足够的空间和时间进行独立的数学活动，并确保教师与学生、学生与学生之间有互动活动，学生与必要的数学媒体之间有互动，促进学生的实际数学理解，促进数学学习和任务的进展。根据高等数学课程的学科特点和具体的课程布置，计算机科学与高等数学课程相结合的教学方法可分为基于信息技术的数学问题调查教学模式和基于信息技术的“数学实验”教学模式。

（一）基于信息技术的数学问题调查教学模式

信息技术与高等数学课程的整合应体现知识体系的发现与探索过程，它强调利用信息技术向学生完整地展示数学知识的发现过程，并强调对数学知识的研究深入过程。信息技术强大的数据分析和数据搜集功能在数分钟之内就可以帮助学生建立这些过程，解决传统高等数学教学的局限性。

基于信息技术的数学问题调查教学模式旨在完成数学教学的具体任务，使学生的数学学习始终处于发现问题、解决问题的自主动态过程中。该模式侧重于学生主观意识的形成，注重数学思维方法的渗透和学生个性的发展，允许学生从封闭走向开放，鼓励学生提问、反思和拓展问题，让学生在逐步拓展学习空间的过程中进行新的探索。

（二）基于信息技术的实验教学模式

计算机技术和数学软件的快速发展让人们更好地理解“信息技术与数学课程的融合”。使用计算机“应用数学”和“表达数学”来帮助学生学习、理解高等数学知识并从中获得学习乐趣，是当今高等数学教育的一个重要改革手段。

因此，数学实验受到了从所未有的关注。数学实验不仅是现实世界高科技和经济发展的研究工具，而且展现出极其重要的教育价值。数学实验还提供了一种新的数学教学方法和模式，使高等数学教学不再像传统教学方式受到诸多束缚。指导学生利用现代信息技术，实现师生共同参与学习的教学模式。

数学实验的目的是通过实验发现和理解数学的抽象或复杂内容，从教学实践的评价结果看来，数学实验课程更适合高等数学教学过程。基于信息技术的数学实验教学模式采用实验手段，特别是计算机提供的平台，发展现代技术和思维模式的数学研究方法，为数学和实验的应用提供了光明的前景。

高等数学实验教学课程的引入为传统高等数学课程的教学注入了新的活力，通过数学实验的设计，为学生提供了亲自参与数学知识发现和应用的机会，这可以显著提高学生的好奇心，激发他们探索和创造的欲望，并将学生的学习过程转化为观察和发现、验证和猜想、模糊到清晰的知识理解、独立设计和其他直接经验获取。数学实验的教学模式保证了教学质量，促进了学生素质的发展。随着实验设计和实验技术的不断改进，它也将对其他课程的教学产生积极影响。

高等数学实验的教学模式可以概括为五个环节：创设情境、数学实验、归纳猜想、推理论证、成果交流。

（1）创设情境是指教学者为学习活动提供设备、模型等，以此营造实验教学的教学环境。在这种情况下，学生第一次接触到只存在于概念中的实验设备和新技术，原有的数学认知结构与新的学习内容之间容易发生冲突，产生学习需求。情境的创设是数学实验教学的首要环节，也是实施下一阶段计划的首要条件。

（2）数学实验是指学生根据教师提出的实验要求，亲自用计算机进行相应的实验，试图找到与他们所研究的问题相关的一些数据中反映的规律性。对实验结果的清晰描述是整个教学过程的核心，通过物理模型、虚拟模型、视觉观察、实验分析等多种方式和手段获得启发。

（3）归纳猜想是将从数学实验过程获得的实践经验与现有的知识认知结合，提出解决问题的假设。通过演绎推理检查猜想的正确性，或通过反例否定猜想。在这一阶段，信息技术的使用能够协助学生对大量的数据进行分析归纳，弥补知识认知的不足。

（4）推理论证过程实际上是培养学生现实的学习态度和严谨的逻辑推理能力的过程。在这一阶段，信息技术能够为学生的逻辑思维做出指引，简化或省略不必要的推理过程，保持学生在数学实验教学过程高涨的学习兴趣。

（5）成果交流是指学生在实验研究过程中通过论文与教师分享成果，交流和讨论其中的数学知识。信息技术可以增强沟通和交流的密切程度，扩大讨论范围，增强学生求知欲。

总而言之，信息技术在应用于高等数学模式的构建时，将这种新技术的革新特性传递给基础学科教育，并提供实践技能的指导。当然，技术层面的构建工作只是客观的、被动的，没有教育观念层面上的教学模式的构建工作，高等数学教育现代化无法获得可持续性发展。

第二节　现代教育观念下高等数学教学模式的构建

尽管现代教育观念下的高等数学教学模式给教学者提供了足够多的选择，但从教学实践和契合度来看，探究式教学模式和分层次教学模式最为适合高校高等数学教育教学。

一、高等数学探究式教学模式的构建

（一）高等数学探究式教学模式

探究式教学模式从宏观角度来看，是指学生以类似于科学探究的方式主动探索的学习活动。从微观角度而言，则是指在教师的指导和控制下，学生独立以《高等数学》教材和练习题为探究理论基础，以现成的数学问题为研究方向和切入点，在以特定教学方法所营造的准科学研究环境下，采用科学研究方法分析和理解理论基础，真实感受和体验新的知识生成过程，进而掌握数学知识，提升学习能力，培养高等数学知识的应用和实践技能水平，以及增强研究和创新的意识的学习模式。

在基于解决数学问题的探究式教学模式的理念中，可以发现各种先进教育理念的影子。不再将高等数学知识体系的传授作为整个教学的起点，而是以发现问题为起点，以掌握和熟练运用知识解决实际问题为教学目的，在整个教学过程中始终保持师生互动，以教学双方的个体主观能动性和创造性来代替知识传授的陈旧和低效。

对于学习者而言，基于问题解决的探究式学习的本质是要获得提出问

题的意识、探索性思维习惯、产生新知识的能力和研究数学的个人理想，赋予其一定程度的课堂主导权，把高等数学真正变为学习者的数学，变为一种常态化的学习。

对于教学者而言，基于问题解决的探究式教学的本质是通过这种教学模式转变高等数学知识体系传授方式，即把强调机械记忆、肤浅理解和简单应用的高等数学教学变为以培养学生的情感体验、自觉的态度和意识、提高学习者的实践能力和创造性思维为最终教学目标的高等数学教学。在保证学生共同发展、体现人格平等的同时，充分关注不同学习水平、不同思维方式的学生在学习能力上的个体差异，用不同的要求、不同的措施去促进老师与学生、学生与学生之间的多方交流，让不同的人在数学上有不同的发展。

另一方面，中国高校的学术水平和生态环境之所以迟迟没有达到世界顶尖标准，就是因为基础学科的高等教育阶段被重视程度太低。大部分真正有学术研究能力的没能继续留下，具有学术研究潜力的学生又没有良好的研究环境，最终高校的学术水平无法继续上升。

成功创建探究式教学模式的关键就在于教学情境的建设，探究式教学需要在课堂上营造一个准科学的研究情境，在这一环节信息技术的重要性就必须体现出来与探究式教学模式深度结合。

例如，与教育理论进行结合，比如：最优化理论，信息技术与最优化理论的结合要强调以学生为中心，让学生在情境建构中具有主导地位；在教学容量的选择上，要给课堂上留出一定研究的空间，从非重点的知识点入手，让学生遇到重难点时，自然而然地主动地进行探究式学习，秉持循序渐进的原则。在深究高等数学知识体系时，保证数学的严谨性，防止非科学、反科学的探究活动发生。教学者严格监管探究的整个过程，利用信息技术获得进展的详细情况，及时调整教学进度，给出技能指导。在探究活动结束后，要让学生使用论文系统将实践上升到理论高度，即便是高等数学这门基础学科在一些非数学专业的课程完毕，这些学生同样能够受益，真正达到探究式教学的目标和理念，提升中国高校的整体学术水平。

（二）基于问题解决的探究式教学的基本思想

在高等数学探究式教学中，最基本的方法是提出问题、解决问题和理性思考，即在教师的指导下，学生使用研究性学习方法，围绕具体问题构建基于问题解决的知识。为了满足上述要求，根据高等数学学科特点，优化课堂教学过程，将教师在教学活动中提升学生接受度的过程转化为以解决问题为中心的师生互动探索的学习过程，考试转变为基础，学生转变为主体。其中，教师不仅是学习活动的领导者，也是一名普通的合作学习者。与学生互动探索，引导学生进入陌生领域，促进学生个性的全面发展，从而影响学生的情感、态度和价值观。在不同的专业中，数学探究的深度与范围应该具有差异性，以满足学生对高等数学知识体系的需求。

（三）基于问题解决的探究式教学的基本结构

探究式教学的具体操作程序可归纳为“问题引入——问题探究——问题解决——知识建构”四个阶段。

1. 问题引入阶段

基于学生的认知基础和生活经验，教学者根据课程设计问题，提出要解决的问题，让学生明确学习目标，激发学生在研究性学习中的积极性和主动性。提出的问题，原则上背靠现实，与未来阶段的高等数学发展接轨。

2. 问题探究阶段

在原有知识和经验的基础上，学生们提出了一些初步的想法，用自己的思维方式解决问题，独立学习和解决问题，自由地发挥主观能动性。问题研究的目的不仅是获取数学知识，还包括使学生能够充分表达自己的思维过程和方法，揭示知识规则和方法，解决问题，相互帮助，实现学习的互补性，提高研究、分析和讨论中的合作意识和沟通技巧。在这一阶段，教师从简单的知识教学中解放出来，成为学生学习的领导者、组织者、推动者。在问题探究的准备上，为学生解决客观上的局限，例如理论水平不足、高等数学探究模型的建立、信息技术的选择等等。

3. 问题解决阶段

通过调查、答疑和考察，教师可以及时了解和掌握学生的学习情况，有针对性地解释学生的重点和难点及问题，鼓励学生深入思考，尽可能多地交流和讨论，引导学生将自己寻求的结论归纳为一般结论，总结学习内容和解决问题的方法。这样，新知识可以在原有基础上得到巩固和内化。

4. 知识建构阶段

在这一阶段，为了验证学习的影响，学生应该能够讨论和解决其他相关问题，并完成一些相应的知识关联，这样每个学生都可以灵活地使用所学知识并扩展他们的想法，体验成功并探索创新，提炼和升华思维，构建自己的知识体系。在上述教学类型的教学理念指导下，可以采用多种教学形式并灵活运用。在教学方法上，可以以科学知识为主线，插入具体问题和最新背景信息，也可以围绕问题和应用逐步渗透科学发现和科学概念。就范围而言，整个单元内容可以围绕特定问题传达，也可以用于教学过程中的特定环节。

（四）探究式教学模式的构建

1. 设置研究型教学目标

高等数学课程探究式教学模式的教学目的是通过优秀学生代表的示范作用，调动其他学生学习数学的积极性。教学评价标准应主要以应用数学的能力为基础，并考虑到个性化和多样化的教育目标。因此，在高等数学课堂上，教学者应该注意师生之间以及学生之间的交流。

根据高等数学知识结构的特点、各章在本课程中的地位和作用以及学生自身的数学知识，教学者在确定实验课“研究型”时不应采取统一的方法，而应考虑全局，确定教学内容适合“探究式”课程。在确定研究内容时，必须遵守以下原则：选定的研究内容必须具有数学知识的相关性，选定的研究必须具有数学信息的选择性，所选的研究内容必须有数学知识的完整性，所选研究内容还必须注意难度。

2. 确定研究型教案

在高等数学研究性教学中，为了打破传统教学模式的基本规律，教学者应该从现有知识出发，创造问题情境，引导学生观察、思考和探索，发现科学原理，学习、研究知识，品尝成功研究的喜悦，激发参与学习的内在动力。课程设计应牢记以下几点：

第一，它应符合学习的心理特征。进入大学后，学生的思维活动逐渐摆脱了具体形象和直接经验的束缚，抽象思维能力不断增强，从经验抽象逐渐转变为理论抽象，逻辑性、独立性、深度、层次性等都得到了提高，思维的竞争力和批判性逐渐建立和加强。这种心理思维的转变不可避免地会导致学生主观地研究问题，变得喜欢寻找分歧和争论，讨论问题的起因、性质和真实性。这还表明，学习高等数学更多的是一种理论学习，而不是纯粹的知识转移。因此，在为课堂规划许多研究主题时，必须考虑主题的挑战性、争议性、广泛性和趣味性。

第二，它应该是可操作的。在问题研究过程中，教学者不仅要充分保证研究时间，练习规划、自习和课后时间，还要确保学生有足够的时间学习其他课程。因此，确定的研究主题应尽可能狭窄，体现探究式教学的深度，而非盲目追求广度。让学生意识到，如果在下一次的研究时投入足够的时间和精力，在深度和宽度上都会有扩展，自己也具备这种研究能力和学术水平，提升自信心。

第三，教学者应该注意实现两个最基础的原则。有必要强调培养学生的创新意识、合作意识和创造力，同时考虑到学习知识的系统性和准确性。课程应反映出研究观点的独特性、新颖性，并及时确认有价值的成果，培养学生的创新精神和创造力。然而，由于高等数学的特点，有必要准确、系统地传达和评论总结或总结中的知识。

第四，教学者应该明智地安排时间，应为课程讨论的每个部分设定更精确的时间。时间分配原则应以学生的讨论为重点，辅以教师的评估和总结，以确保学习者有足够的时间阐明自己的观点、讨论问题并为其作为支撑。研究结果有突破性进展的学生应该发挥带头作用，引起研究竞争心理，以激发学习兴趣，培养创新和创造力的意志。

3. 组建研究型学习小组

鼓励学生与准科学工作者进行合作和交流，同时提高其文化素质和思想道德修养，以丰富内心世界，培养高尚情感。学生必须学会处理个人和集体之间的关系，提高协同合作的能力，丰富他人一起工作的经验。这不仅是个人价值实现、创造新的研究成果的前提，也是提升整体学术水平和氛围的前提。因此，在高等数学的研究型教学中，教师应建立研究型学习小组，正确引导学生，并依靠学习伙伴解决复杂而全面的问题。

4. 合理设计教学梯度，设计探究题目

因材施教是教育必须遵循的原则，任何脱离学生基础和接受能力的教学都会失败。在探究式教学中，只有学生听从教师的想法，才能使得教学双方一起努力，构建新的教学模式。这要求教师了解学生的基本知识，掌握课程并熟悉教材。这样，教学者可以抓住课程的中心，突出重点，设计合理的问题和内容，设计适当的教学水平，消除困难，使学生能够开动脑筋，积极思考，与老师互动，实现教与学的共鸣。

5. **习题的巩固**

实践是学习和巩固知识的唯一途径。在目前的高校中，学生的空闲时间无法集中，研究精力无法专注，“题海战术”早已不再适合高校学生。此外，基础差的学生很难独立完成高等数学教材的课后习题，如果在解题时遇到太多困难，会选择放弃或抄袭。因此，有必要关注教学内容，花更多时间进行有限容量的习题练习。这不仅有助于及时消化学生的教学内容，也有助于教师随时了解学生的知识，及时调整教学理念，确定教学过程，使教与学不分离，确保教学质量。

几乎所有高等数学知识都具有其物理背景和几何意义，让学生了解每个知识点的物理背景，以便了解知识的互通互联，加深对知识的记忆和理解，并了解其目的。几何意义可以提高知识的直观性，有助于提高学生分析和解决问题的能力。因此，在教学中，知识的引入和知识的综合应用都应与其物理意义和几何意义紧密结合，使学生能够接受和理解教学内容，提高数学素质。

6. **加强实验教学环节观念**

现代科学技术的发展为数学实验教学创造了现实条件，为实验教学环境的优化提供了物质基础。但是，当前高等数学实验教学的接受程度普遍不高，实践的范围也不具有广泛性。究其根本，是实验教学观念认知不足。因此，探究式教学模式的构建需要解决观念认知不足。

至少应该明确的是，高等数学实验与其他的自然学科实验的差异性客观存在，不容模糊和忽视。高等数学实验是介于经典演绎和经典实验之间的一种科学研究方法。它既不是高等数学知识的广义应用，也不是数学知识在实验研究中的简单转移，而是随着人类思维、数学理论和信息技术等的发展而形成的一种带有独特性的研究方法。

从数学教育的角度来看，高等数学实验的重点应该随着教学目标而发生改变。具体表现为，当教学者需要传授高等数学知识时，教学实验设计就应该把数学分析法中的方法论作为实验研究方法，以学习活动中难以理解的数学概念和定理为实验研究对象。当教学者需要加强高等数学知识的应用时，就应该开发一个特定的模型来解决理论基础问题，学生只需要操纵和控制模型完成实验研究过程，这样，学生就能够把精力完全放在数学技能的应用上。

7. 教学评价的引导

探究式教学本质上是一种目标导向的教学活动，教学评价的设计需要从多角度综合考虑，涵盖所有的变量和不定因素。

教育时间是指个体或群体在达到预定的教育目标过程中所花费的时间，其中包括所有的教学活动。在不同的教育模式下，教学活动的环节有差异，教育时间自然有差异。教育的评价结果越高，教育时间就越短，反之，学生花费的时间就长。

以教育时间为判断标准的教学评价法就是从教育时间学角度来探讨和分析学校的教学效益或一种教学方法的教学效益，也是一种客观全面的教学模式构建工作的验收方法和教育改革的评价方法。对于高校教育而言，课程长度普遍偏短，教学时间效益的差异性较为显著，微小的变化都能够通过量化来体现。此外，利用教学时间作为评价标准，几乎可以量化传统评价方法无法量化的所有变量，快捷迅速地保证教学模式的构建工作是在持续向上发展。

这种教学评价的具体做法为：在测验成绩和高等数学知识体系探究活动成果的基础上，分析二者之间的具体变化情况，计算出不同起点学生在达到预定的教育目标方面的时间，即教育时间。

当然，在计算时需要注意以下各方面的原则和限定，否则教学评价就会只能反映单一个体变化，并且无法体现探究式教学模式的优势。

（1）在整个教学评价开始之前，教学者应该从知识水平和学术能力两个层面做综合的测试和调查，充分确立学生个体的基础起点。

（2）教学时间不是唯一的评价标准。在对于数学研究的评价上，应该包括整个研究活动的所有环节。从问题引入的合理性、价值性与知识体系的结合的密切程度开始，到问题探究的进展情况、研究方法的科学性为一个节点，做中期的评价，再到最后的研究成果，完成整个评价活动。

（3）教学时间评价方法是动态过程。在经过一个学期或学年的教学后，虽然有一部分学生未能达到预定的教学目标，但实际上，其学术能力和知识水平都有了一定程度的提升，只不过无法通过传统评价表现出来。但教学时间却能够体现出这种比较细微的变化，予以正确合理的教学评价。

（4）教学时间评价方法可以更精细地进行分析。对时间效率进行细致的分析，是以“前后测试结果”为依据的。通过对学生两次测验在不同成就等级之间的变化进行细致的分析，对两次考试中学生群体成绩的转移情况进行了研究，最后建立了过渡矩阵，并对各年级学生完成预设学习目标的预期时间进行了预测。

在高等教育数学改革中开展研究型教学具有较强的理论基础。当前，我国基础教育课程改革的深入推进，为高校实施探究式教学奠定了基础。基于这一点，只要老师们不断地对相关的理论进行探索并不断地改进，我们坚信，高校研究性教育的改革将会在转变传统的教学方式，并构建新的教学方式和观念方面取得更大的进步，也为进一步推动大学其他课程的教学改革提供了有益的参考。与传统的教学方式进行比较，研究性教学方式将重点放在了教学和接受的过程上，而研究性教学方式更有利于深化学生对概念和理论的理解，这对学生在面对开放问题时进行大胆的研究和探索有好处，并将其在未来的工作中加以发扬和运用。

二、高等教学分层次教学模式的构建

（一）分层次教学的理论依据

在中国古代的教育理念中，一直存在着分层次教育理念，朱熹所谓的“孔子教人，各因其材”正是如此，墨子也提倡，在教学要照顾学生的实际水平，注重学生的个体差异和个性，采用适合他们的教学方法，才能达到最好的教育效果。

根据现代心理学家维果茨基的“发展新领域”理论得知，学习者都可以普遍分为两个层次——当前层次和潜在层次，从而比较当前发展水平和最高潜力水平。在教育活动的作用下，这两个层次会分别朝着两个不同的发展区域发展，也就是所谓的“近端发展区”或者“最佳教育区”发展。一个将潜在层次转换成已有的新层次和持续创造新的开发领域的过程。在此基础上，个体差异分为现存层次和潜在层次两种。只有在教学活动时包含两个层次之间的差异，分层式教学模式的构建才能得到成功。

从发展新领域理论的角度来看，评价是教学过程的组成部分。为此，教师在教学中要把学生放在第一位，重视他们的学习积极性，充分利用他们的评价，让他们在不同的起点上得到最好的发展。

从心理理论上讲，学生的学习能力具有个体差异，这是因为他们在获取新知识的过程中，所处的发展阶段是不同的。所以老师们要立足于现实，以学生的适应能力为基础，循序渐进地展开教学，让学生们在原来的水平上，在不同的层面上，不断地进步，最后才能实现有效教育的目的。

（二）分层次教学的指导思想

分层次教学模式的构建，应遵循“分层次教学”的基本原则，采取多种教学策略，充分发挥学生的主体作用，重视学生个性发展。

在课程体系上，教学者根据学生专业结构的具体情况及其实际水平和兴趣，构建不同层次的课程体系，非数学专业和数学专业高等数学课程体系、非应用型和应用型高等数学课程体系等等不同的课程体系。例如，研究生入学考试的高等数学考试科目的划分，就是一种课程体系区分很好的方法。

在教学手段上，要在确保基本教学内容的前提下，针对不同水平的学生，采取有针对性的教学手段。再辅以现代化的教学方法，以及丰富的现代教育资源，这样才能保证有效地提高学生的数学水平，从而提升数学教学的质量。同时，也能为教师提供最佳的教学组织方式，从而更好地发掘出更多的教学规律，让更多的高水平的学生对教师的职业发展起到激励作用。层次较低的学生，则会成为鼓励教师改进教学方法和质量的动力。

综上所述，在层次的划分上，至少需要遵守以下几个原则：

一是分层次教学的立足点是以全体学生为中心，因此，在教学过程中，要对每一个水平上的学生的“近期发展领域”进行调整，使他们能够在学习数学的过程中，得到乐趣和信心，从而提高他们对数学的兴趣。

二是因为每个人都受到不同的遗传因素、家庭因素和社会环境的影响，必然会导致学生发展的客观差异，所以分层次教学要根据学生的个体差异，做到有针对性、区别对待。

三是在不同层面上，要有引导性，尊重学生的知识、智慧、兴趣和个性。“以人为本”，根据不同水平的学生，来完成教学目的、教学环节，使老师的“教”与每一个水平相匹配，使每一个层次的学生都能在“学”中充分发挥其主体性。提倡“教”和“学”相结合，提倡“个体化”的教学过程，用学生独立的活动来取代死板的、一成不变的活动，让学生有更多的机会去自我发展。

四是在分层次教学模式中，学生应该能够积极主动地参与到数学学习中来，并且拥有很强的创造力，可以对新的学习方法进行持续的探索，发展出新的思维方法。在教学过程中，实现了学生的自主学习，使“我要学”向“我要学”有效转化。

（三）分层次教学改革的目标

分层次教学改革的目的就是要把提升学生对数学学习的兴趣作为前提，通过建立分层教学模式，充分发挥学生的个性特点，从而充分发挥学生的主观能动性，重视学生主体性的发展与培养。通过优化和设计每个元素的教学过程的每个部分，可以达到最佳的教学效果。因此，分层次教学的总体目标是为学生提供尽可能多的数学知识和技能，使其适应不同学科和不同职业方向。然而，更理想的目标是通过不同的教学策略更好地理解数学和数学思维的价值和功能，让学生能够更好地适应社会发展的需求，从而为他们提供一个更加扎实、更加全面的基础，让更多的学生能够从较低的水平达到更高的水平，这样才能更好地促进数学教学的整体发展。在这一进程中，下列问题需要得到解决：

一是学生们在已有的数学基础上和在将来的发展方向上都有不同的表现，他们在将来运用数学的程度和深度上也有不同的表现。但是对学生而言，数学的价值与作用与他们的思维与方法同等重要。重视并尊重这种差异，也就是重视并尊重学生的主体性发展，这种主体性可以用来改进课堂教学。

二是在分层次教学的课程体系中，将具有同样水平或相似水平的学生集中到一个地方，这对教师掌握同一水平的学生的认知规律是有利的，也能帮助教师更好地理解和掌握教育教学的规律。所以实施分层次教学，既能有效地提高学生的综合素质，又能有效地提升整个师资队伍的整体素质。

三是既要认识到学生在数学能力等各个方面存在着不同，但也要认识到，个人的智力水平和学习数学的潜能之间并没有本质的区别。所以，分层次教学的根本要求就是，不要对水平高的学生进行数学学习的潜能进行任何限制，而对于水平较低的学生，则要让他们能够跟上他们的学习速度，达到《工科类本科数学基础课程教学基本要求》所规定的学习目标。对数学基础知识、基本能力进行掌握，服务于专业课程的学习，并提高其分析和解决问题的能力。

（四）分层次教学模式构建遵循的原则

分层次教学应该反映出数学普及的思想，它以所有的学生为对象，对学生之间的相同点和个体差异进行全面的考虑，将其作为一种可利用的资源，为每一位同学提供广阔的发展空间，充分发挥他们的潜能。鼓励学生去学习数学并为将来的数学应用做好准备。然而，应该遵循下列原则：

一是不同层次的差异化教学应区分快课和慢课。分级教师不会有心理障碍，不会在课堂上歧视学生，甚至会把最好的教师分配给学习水平最低的学生。分层次教学的目的并不是所谓的“精英教育”，而是要为学生的人格发展提供适合他们自身特点的教学，但是对那些水平较低的学生，教师要避免对他们的心理发展造成消极的影响，从而导致心理压力影响学习的积极性。对于更高水平的学生，则不要让其心里感到优越。

二是分层次教学模式的构建并不是学校或教师根据学生的数学高考成绩来划分层次，而是学生完全根据他们对高级数学的兴趣以及目前所掌握的数学知识来划分。由于这是一种主动的选择，这样才能让学生的思维转变到我想学习，从而使他们的学习热情得到最大限度的激发。但是，如果学生明确定义自身学习水平，他们就难免产生无形的阻碍，被迫限制自身未来的发展。但在分层次教学模式下，学生可以根据实际情况和不断变化的学习需求重新选择学习水平。

三是划分学习者的层次不是教学的目的，而是教学的措施或策略。学员可因自身条件及将来发展的需求，而选择更高的学位或知识水平，以达到符合自身特性及发展意愿的最优发展目标。

四是分层次教学应遵循优化教学过程、优化教学要素、设定教学目标、安排教学内容和选择教学方法的理论，并遵循“兼顾差异、改进分层”的原则，以满足不同水平的学生的实际学习需要，并使每个学生都能得到最好的发展。

五是教师应该针对不同水平的学生，向他们提供一个客观、公平和科学的评价，激励他们在合适的时期进行创新和进步，从而激发出他们的内在学习动力，并将分层教学作为一种提高学生学习效率的有效方法，为每一位学生提供一个最符合他们个性的学习和发展环境。

（五）具体构建方案

在高等数学分级教学中，要进行分级教学的改革，首先要明确划分教学层级的策略，确立每一层级的培养目标以及为实现该目标而采用的教学方式，从而构建出一个多层级的高等数学教学体系，并制定出一套分层次教学改革方案。

1. 按教育目标划分高等数学教学层次

按教育目标将分高等数学的教学层次划分为初级A层、基础B层和强化C层，这种分级教学有助于更好地满足学生的学习需求并提升教学质量。然而，不同层次的学生在教学过程中需要不同的教学管理体制和教学条件的支持。

第一层：初级A层

教育目标是培养专业人才，重点是教授高等数学基础知识和基本技能。在教学中，学校管理体制应确保学生有良好的学习环境和充足的学习资源。同时，教师应具备较高的师资条件，能够有效地传授基础知识和技能，并帮助学生形成良好的学习方法和学习习惯。通过这样的教学管理体制和教学条件的支持，初级A层学生可以建立扎实的数学基础，为后续学习打下坚实的基础。

第二层：基础B层

教育目标是培养应用工程技术人才，注重培养学生的学习兴趣和积极性。学校管理体制应提供丰富多样的教学资源和学习环境，激发学生对数学学习的热情。教师应通过丰富的教学方法和策略，引导学生理解高等数学基本概念、研究方法和数学应用能力。此外，教师还应鼓励学生培养创造能力和突破性思维，培养他们在实际问题中灵活运用数学知识的能力。通过这样的教学管理体制和教学条件的支持，基础B层学生可以发展出较高水平的数学能力和创造力。

第三层：强化C层

教育目标是培养具有突破性的工程技术和研究型人才，强调创新思维和突破能力。学校管理体制应提供丰富的学习资源和研究环境，支持学生进行深入的学术研究和创新项目。教师在教学中应注重学生的自学能力、探索能力和研究行为的培养，引导学生提高从事研究性学习和解决复杂问题的能力。同时，教师还应提供定向学习的指导，培养学生综合运用知识解决复杂问题的能力。通过这样的教学管理体制和教学条件的支持，C层学生可以发展出高水平的数学思维能力和创造力，成为在高等数学领域的带领者。

综上所述，按照教育目标划分高等数学的教学层次，并为不同层次的学生提供相应的教学管理体制和教学条件的支持，可以更好地提升学生的学习效果，释放其发展潜力。这种分级教学的方法有助于培养学生的学习兴趣、应用能力、创造能力和解决复杂问题的能力，为他们未来的学习和职业发展奠定坚实的基础。

2. 建立各教学层次应达到的基本技能和解决问题能力的目标

为了提高数学教学质量，各教学层次应确立基本技能和解决问题能力的目标。无论是基础层次还是强化层次，学生都应该在有限的时间内掌握基本的数学知识，能够解决简单实际问题，并掌握解决复杂问题的方法。

（1）各教学层次在知识的系统掌握方面

对于基本层次学生，重点是确保他们对数学的基本概念和基本技能有一个扎实地掌握。教师应该注重教授基本的数学思想和方法，培养学生的数学意识和解题能力。例如，在极限教学中，教师可以着重讲解极限的操作和重要概念，引导学生理解极限定义的含义，并简化极限概念的理解难度，使学生能够掌握思考和解决极限问题的方法，而不仅仅是记忆技巧和公式。对于强化层次学生，除了基本技能的掌握外，还应引入更高级的数学思想和方法。教师可以引导学生使用导数和定积分来解决更复杂的问题。例如，在导数的教学中，可以引入洛必达定律，帮助学生理解极限的应用，并掌握导数计算的技巧。在定积分的教学中，可以介绍微元法，让学生能够更好地理解和应用定积分来解决实际问题。

除了数学知识和技能的掌握，还应注重培养学生的数学思想和数学文化素质。教师可以通过举例和引用数学名言等方式，让学生了解数学的美和应用，增强他们对数学的兴趣和学习动力。同时，教师也可以通过解决实际问题的方式，将数学与现实世界联系起来，帮助学生认识到数学在日常生活和各个学科中的重要性。

（2）各教学层次在解决问题的能力训练方面

初级层次A的学生通常对数学的基本概念和定理掌握较为薄弱，因此，首先教师应在教学中重点讲解基本概念和定理，并帮助学生理解其含义和应用。教师可以通过具体的例子和实际问题，引导学生将基本概念与实际情境联系起来，增强学生对数学概念的理解和记忆。其次，教师应注重培养学生的解决问题能力。初级层次A的学生在解决问题时常常遇到困难，教师可以通过解题示范和引导，帮助学生掌握解题的方法和技巧。教师可以提供一些典型的问题，引导学生运用所学的数学知识和方法解决问题，并鼓励学生尝试不同的解题思路。通过反复练习和解决问题的训练，学生可以逐渐提高他们的问题解决能力。此外，教师还应关注学生的学习兴趣和参与度。初级层次A的学生对数学学习可能存在兴趣不高的情况，因此教师可以通过设计趣味性的教学活动和引人入胜的例子，激发学生的学习兴趣。教师可以鼓励学生积极参与课堂讨论和小组活动，让学生在合作中共同解决问题，提高他们的学习参与度和学习动力。教师应给予学生适当的指导和反馈。初级层次A学生需要教师的指导和支持，在学习过程中可能会遇到困惑和困难，因此，教师应积极与学生互动，倾听他们的问题和困惑，并给予针对性的解答和指导。同时，教师应定期给予学生反馈，鼓励他们的努力和进步，增强他们的自信心和学习动力。

对于基础层次B的学生，首先教师应创造问题情境，引导学生参与讨论，并探索适合不同问题的解决方法。通过提供具体的问题和情境，教师可以引导学生主动思考问题、寻找解决方法，并在小组或全班中展开讨论。这样的探索式学习可以激发学生的学习兴趣，提高他们的问题分析和解决能力。其次，教师应注重培养学生的数学思想和方法。基础层次B的学生已经具备一定的数学基础知识，教师可以通过举例和实际应用，帮助学生理解数学思想的本质和数学方法的应用。教师可以引导学生分析和归纳问题解决的方法和规律，培养他们的数学思维能力。此外，教师还应鼓励学生在解决问题中运用不同的数学概念和定理。教师可以引导学生发现问题中存在的数学概念和定理，并帮助他们将这些概念和定理应用到实际问题中。通过综合运用知识，学生可以更好地理解数学的应用和价值。

对于强化层次C的学生，教师应将研究性学习纳入课堂教学，并注重培养学生的创造力和创新意识。教师可以引导学生进行研究性学习项目，让他们从自主提出问题、收集数据、分析结果等方面参与全过程。通过研究性学习，学生可以深入了解数学的发展历程和应用领域，并培养他们的探索精神和创造性思维。另外，教师还应提供学习资源和创造性智力的支持，为学生提供实践机会，让他们能够在实际情境中运用数学知识解决复杂问题。在教学中，教师还应注重学生的主体地位，鼓励他们参与课堂讨论和合作学习。通过鼓励学生表达自己的观点和思考过程，教师可以帮助他们建立自信心和自我效能感，从而激发他们的学习兴趣和积极性。此外，教师还应提供适当的反馈和鼓励，让学生感受到自己的进步和成就，从而增强他们的学习动力和自我驱动力。同时，教师应引导学生运用创造性思维方法解决复杂问题。教师可以教授学生一些常用的创造性思维方法，如逆向思维、类比思维、侧重思维等，帮助他们在解决问题时寻找新颖的思路和方法。此外，教师还应鼓励学生多角度思考问题，并引导他们在解决问题的过程中运用综合知识和技巧。

教师应鼓励学生将数学知识与现实世界的问题相联系，培养他们的解决复杂问题的能力。教师可以引导学生分析实际问题的数学本质和数学模型，并通过建立适当的数学模型来解决复杂问题。这样的实践可以帮助学生将抽象的数学概念和方法转化为具体的问题解决工具。

3. 建立不同层次应采用的教学方法与教学策略

在教学过程中，教学方法和策略的选择至关重要。针对不同学生的教学层次和特点，教学者应该制订相应的教学计划，以满足学生的学习需求并激发他们的学习兴趣。教学者应坚持以学生为主体、以教师为领导、以教育为主线、以能力为目标的教学宗旨，确保所有学生都能够获得有效的学习体验。

（1）针对初级层次学生（层次A）教学策略

教学者应该注重培养他们的学习能力和自主学习能力。教学者可以采用启发式教学法、探究式学习法等方法，激发学生的学习兴趣。同时，教学者还应该教授学生学习的方法和技巧，帮助他们掌握自主学习的能力，培养他们的学习动机和学习策略。教学者还可以提供个性化的辅导和指导，关注学生的学习困难，并提供相应的帮助和支持。

①注意教学过程的直观性和简洁性

在教学过程中，教师应注重教学的直观性和简洁性，以提高学生的学习效果和兴趣。教师应清晰地解释所学知识对于后续课程和职业培训的重要性，展示高等数学与其他学科的联系和应用。通过这种方式，学生可以更好地理解高等数学的含义，并将数学概念与实际背景相联系，增强学习的实用性和意义。此外，教师应努力总结数学知识，帮助学生发现不同知识之间的联系和共同点，培养学生的整体把握能力和综合应用能力。通过引导学生思考和讨论，教师可以减少复杂问题的难度和抽象性，并以直观的图形表示和分析过程帮助学生看到问题的本质。这种教学方法能够提高学生的理解能力和问题解决能力，激发学生对高等数学的兴趣和学习动力。

②注意灵感、技巧和逻辑

教师应准确把握目标、基石、难点和其他教学内容，而不应强调数量。说到质量，我们应该做到精确。在教学过程中，学生应将注意力集中在难以理解的内容上，少谈或不谈容易理解的内容。教师在传递知识的同时，还应着重讲解数学概念、定理、公式以及定理证明的关键要点，以及给定条件在定理证明中的作用。学生需要熟记并灵活掌握一些有代表性的数学方法和技能，以高水平的数学知识、基本的数学方法和技能替代低水平的数学常识。同时，教师还应培养学生的逻辑思维能力，使他们能够运用所学的数学知识进行问题分析和解决，并提高他们的语言表达能力。通过培养学生系统的高等数学理论知识、基本的计算方法和技巧，教师可以帮助学生培养严谨的思维和流利的技巧。

在教学中，教师应以难以理解的内容为重点进行讲解和讨论，引导学生深入理解数学概念的内涵和定理的意义。通过具体的例子和实际应用，教师可以帮助学生更好地理解定理的发展和使用。此外，教师还应注重帮助学生掌握数学方法和技巧，使他们能够灵活运用这些方法和技巧解决问题。同时，教师还应鼓励学生进行自主学习和思考，培养他们的逻辑思维能力，使他们能够独立分析和解决数学问题。

③注重引入趣味性元素

教学中，为了增加学生对学习的兴趣和主动性，教师应注重引入趣味性的元素。一方面，教师可以挖掘定义和理论的历史背景、数学家解决问题的过程以及其中的文化价值和美学因素，以及在各个领域的应用价值，从而激发学生对知识的渴望和兴趣。通过向学生展示数学的发展历程和背后的故事，教师可以引导学生思考数学的意义和应用，并激发他们的学习兴趣。另一方面，教师应进行教学方法的改革，以促进学生的主动参与。教师可以提出问题并鼓励学生探索、思考和勇敢地提出问题。通过让学生积极参与教学活动，如小组讨论、研究项目和实践探究等，教师可以激发学生的学习兴趣和主动性。此外，教师还应适当地鼓励和表扬学生，以增强他们的自我效能感。通过给予学生正面的反馈和认可，教师可以帮助学生建立自信心，从而在心理上增强学生的学习兴趣。

通过引入趣味性的教学元素和改革教学方法，学生可以更好地表达自己的意愿和需求，并获得满足。这种积极的学习环境可以增加学生对学习的兴趣和投入程度。当学生感受到自己的参与和贡献被认可时，他们会更加愿意投入学习中，并体验到学习的乐趣和成就感。

（2）对于基础层次学生（层次B）采用的教学方法与教学策略

对于基础层次的学生，教学方法和教学策略应注重基础教育，以培养他们的数学应用能力和实践技能。在教学过程中，首先，教师应注重理论与实践的结合，帮助学生理解和应用数学知识。教师应注重传授系统的理论知识，但同时要引导学生思考如何将这些理论知识应用于实际问题中。教师可以通过实例和案例的方式，将抽象的数学概念和方法与具体的实际问题相结合，让学生能够理解数学在解决实际问题中的作用和意义。其次，教师应鼓励学生独立思考和探索解决问题的方法。教师可以引导学生提出问题、猜测和假设，并引导他们通过实际操作和思考，找到解决问题的思路和方法。通过培养学生的问题解决能力和创新思维，教师可以帮助他们在面对复杂问题时更加自信和有效地解决问题。

此外，教师还应提供学习和使用数学的环境，为学生创造机会将数学知识应用于实际情境中。教师可以设计相关的实际问题，让学生运用数学建模的方法，将数学知识应用于实际情境中的问题解决过程。通过这样的实践，学生可以更好地理解数学的应用，并将数学知识与现实世界相联系。教师应注重培养学生的数学意识和应用能力，将数学作为连接不同学科和专业的桥梁。通过引导学生发展对数学的兴趣和认识，教师可以激发学生学习数学的动力和积极性。同时，教师应鼓励学生将数学应用于各自的专业领域中，培养他们成为具备理论知识、善于分析和解决问题的应用型人才。

（3）对于强化层次学生（层次C）采用的教学方法与教学策略

对于强化层次的学生，教学方法和教学策略应注重数学概念和定理的历史背景，以及数学基础知识中的数学思想和方法。首先，教师需要帮助学生建立起数学知识体系的思维框架，演示如何应用基础知识解决问题，并通过问题解决规则的探索来促进对数学概念和定理的理解。教师可以引导学生了解数学概念和定理的历史背景，通过了解数学发展的脉络和数学家的思考过程，帮助学生深入理解这些概念和定理的形成与演变。通过了解数学概念和定理的起源和发展，学生可以更好地理解它们的内涵和应用。其次，教师可以通过探索问题解决规则来促进学生对数学概念和定理的理解。教师可以引导学生从解决具体问题的规则和方法中发现普遍的数学规律和性质，帮助他们从具体到抽象地理解数学概念和定理。例如，通过理解函数的局部性质和区间上的全局性质，学生可以更好地理解中值定理作为桥梁解决全局性问题的本质。

（4）建立不同层次的不同教学评价方法

在分层次教学模式中，适当的教学评价方法扮演着关键的角色。学生需要通过培养数学语言表达能力，将问题转化为数学语言中的数学问题，并运用数学思维方法来解决问题。分层次教学过程中，教学者应鼓励学生自主提问、找出已知因素，并讨论适合不同问题类型的解决方法。通过寻找不同的问题、实施创造性学习和激励教育，学生能够打破常规，发展创新能力，并掌握解决问题的基本方法和技能。同时，学生的主体地位在教学中不可放弃，不能仅依靠考试成绩来评价学生，而应采用因材施教的评价方式，以调动学生学习的积极性。因此，教学者应尝试采用其他评价方式，以满足不同层次学生的学习需求和体现因材施教的原则。

适当的教学评价方法在分层次教学模式中具有重要作用。通过评价学生的数学语言表达能力，教学者可以了解学生在将问题转化为数学语言时的准确性和清晰度。这有助于培养学生的数学思维和表达能力，并帮助他们更好地解决数学问题。同时，通过讨论适合不同问题类型的解决方法，教学者可以引导学生运用不同的数学思维方法，培养他们的问题解决能力。这种个性化的教学评价方式可以提高学生的学习动机和兴趣，激发他们的创造性思维，进一步促进他们在数学学习中的表现。

此外，学生的主体地位在教学过程中也至关重要。教学者应重视学生的参与和主动性，鼓励他们在学习中提出问题、表达观点，并尝试解决问题。通过给予学生更多的自主权和责任，教学者可以激发学生的学习热情和创造性思维，培养他们的学习兴趣和自信心。因材施教的评价方式可以更好地满足不同层次学生的学习需求，帮助他们实现个人潜力的最大化。

在高等数学教学中，采用适当的考试形式对学生进行评估是至关重要的。基于关键词中的操作性和联机考试，以及抽签考试的概念，本研究提出了两种考试形式的应用建议。此外，结论还涉及数学学术能力的考核，通过撰写小论文来展示学生对数学思想和学习认识的理解。

首先，联机考试是一种能够全面评估学生对基本概念、基本知识、基本方法以及实验操作的掌握情况的考试形式。该考试形式利用计算机技术，以客观形式出题，并利用计算机的统计功能来分析和评估学生的答题情况。联机考试的优势在于可以涵盖不同层次的学生，提供了更客观和准确的评估结果。

其次，抽签考试是针对实验课学习内容和需要大量计算的内容设计的考试形式。学生根据题签进行相应的符号运算和数值运算，并将试题答案写在实验报告考试栏内，由教师进行批阅和评分。这种考试形式注重学生的计算能力和解题能力，同时也要求学生具备较好的实验操作和报告撰写能力。抽签考试的试题内容和频率可以根据课程的性质和要求进行调整，以确保考核内容与课程内容的匹配。

此外，为了考核学生的数学学术能力，可以采用撰写小论文的形式。学生在学习数学一段时间后，通过撰写论文的方式展示对数学思想状态、学习认识和遇到困难的理解。教师可以提供数学建模题目供学生自主合作撰写建模论文，以培养学生的数学建模能力和创新思维。在论文撰写的过程中，教师可以强调论文的格式要求和撰写步骤，以提高学生的写作能力和学术表达能力。论文的考试成绩可以计入总成绩评定，以更全面地评价学生的数学学术能力。

高等数学的期中和作业评价。在高等教育阶段，期中评价再也没有初级教育阶段的重要性。但实际上，这种传统教学模式评价方法的积极作用被严重低估。对于一定教学成果做出评价，不仅提升了总体教学评价的合理性，并且会对高校学生起到提醒作用。

从数千年前孔子提出“有教无类”的教育思想，到如今的素质教育，高等教育大众化一直是教学工作者最初的理想。当然，这个过程中，引发过“精英”教育和“大众化”教育的激烈碰撞，但中国的教育思想一直坚持着初心，高等数学分层次教学模式的构建就是中国式教育精神的最好体现。

尽管分层次教学模式的构建尚未达到成熟并共享实践成果，尤其是基础知识的概念、数学能力、数学思维方法等各级教学目标不可能一蹴而就，但这是一个逐步完善的过程。然而，分层次教学模式在提高学生的学习兴趣和增加他们学习数学的自信心方面发挥着明显的作用。因此，它值得在高校高等数学教育中推广。

总而言之，分层次教学模式的构建是现代教育理念下学分制的完善和补充，它旨在满足学生个体差异和学习需求的多样性。与传统的一刀切的教学方式相比，分层次教学模式充分考虑了学生的学习水平和能力特点，为每个学生提供了更有针对性的教学内容和学习任务。分层次教学模式在现代教育中具有重要的意义。它不仅有助于完善学分制下的教学模式，还能够利用现有的教学资源，激发学生的学习积极性，促进全体学生的发展，并培养他们的高级思维方式。这样的教学模式将为学生提供更丰富、个性化的学习体验，为他们未来的学习和成长打下坚实的基础。

参考文献

［1］ Birdwell,steve, Head in the cloud［D］.California cpa，2010.

［2］ Kho,Nancy Davis,Content in the cloud［D］.EContent，2009.

［3］ Vizard,Michael. The Chaos of Cloud computing［D］. Baseline，2008.

［4］ Dzubeck,Frank. Five Cloud computing questions［D］. Network World，2008.

［5］ P. R. Halmos. 数学的核心［D］. 世界科学，1982，07：47-49.

［6］王青建 . 数学史简编［M］. 北京：科学出版社，2004：193.

［7］梁宗巨 . 数学家传略辞典［M］. 济南：山东教育出版社，1989：122.

［8］于书敏，曲元海 . 论数学史的教育价值［J］. 现代教育科学，2006，01：153-154.

［9］李文林 . 数学史概论［M］. 北京：高等教育出版社，2011：1-9，155-165，247-251.

［10］Richard S.Westfall.Never at Rest［M］.Cambridge University Press，1980：134.

［11］William Dunham. 微积分的历程：从牛顿到勒贝格［M］. 北京：人民邮电出版社，2010：11-52.

［12］吴文俊 . 世界著名数学家传记［M］. 北京：科学出版社，

1995：332.

［13］张永珍．“慕课”视野下高等数学教学改革对策研究［J］．数学学习与研究，2020（12）：8-9.

［14］张平奎．信息技术在高校数学教育中的应用：评《现代信息技术与数学物理教育的整合探析》［J］．中国科技论文，2020，15（05）：622.

［15］张钊．高职数学教学改革实践分析［J］．中国多媒体与网络教学学报，2019（12）：69-70.

［16］朱青春．高等数学教学中渗透建模思想的策略研究［J］．湖北开放职业学院学报，2021，34（02）：151-152.

［17］宋建军．大数据时代高数教育策略分析［J］．山海经：教育前沿2020（30）：1.

［18］张哲龙．数学建模在高等数学中的应用研究［J］．江西电力职业技术学院学报，2022，35（06）：64-65.

［19］王瑶路．论高校高等数学教学中思想政治教育工作的有效融入［J］．中文科技期刊数据库（全文版）教育科学，2022（11）：0043-0045.

［20］陈金雄，张敏．基于数学建模思想和数学文化的高数教学设计：以导数概念为例［J］．普洱学院学报，2022，38（06）：131-133.

［21］赵盼盼，焦力宾，鲁鑫，王玉红．基于OBE教育理念与专业需求的高等数学改革［J］．中文科技期刊数据库教育科学，2023（01）：0040-0042.

［22］孙春萍，陈志芳．数学文化视角下的高职院校高等数学教学探索［J］．产业与科技论坛，2019，18（13）：180-181.

［23］柳洁冰，袁小博．探讨课程思政在高等数学课堂教学中的应用［J］．试题与研究，2019（10）：186.

［24］余航．基于素质教育导向的高等数学教学方法探析：评《数学教

育的智慧与境界》［J］. 中国高校科技，2019（04）：97.

［25］胡水玲，张团结. “课程思政”背景下高职高等数学教学设计与教学方法研究［J］. 河南教育（职成教），2020（03）：23–24.

［26］袁力. 基于云教材的《高等数学》数字教材的教学探究［J］. 芜湖职业技术学院学报，2019，21（04）：90–92.

［27］傅伟. 富媒体技术在数字化学习终端上的应用探索［J］. 远程教育杂志，2011，29（04）：95–102.

［28］陈宏云. 浅谈“数学史”在小学数学教学中文化价值的研究［J］. 科学大众（科学教育），2018（12）：72.

［29］司玉琴. 高职数学教学中融入数学文化的研究与实践［J］. 西部素质教育，2019，5（01）：215.

［30］杨剑，宋金利. 数学文化视角下高职高等数学教学研究与实践［J］. 教育教学论坛，2015（32）：148–149.

［31］张国山，章薇，常小荣，等. 基于蓝墨云的《针灸学》数字教材的特征分析［J］. 高教探索，2017（S1）：90–91.

［32］蔡湘文，刘益冬. 高职数学课堂教学融入数学文化的途径探索［J］. 课程教育研究，2018（48）：118–119.

［33］袁力. 基于云班课的高职院校高等数学教学模式探究［J］. 芜湖职业技术学院学报，2017，19（03）：7–9.

［34］徐晓东. 职业院校高等数学教育的信息化分析［J］. 数学学习与研究，2018（11）：40.

［35］赵文彬，张雪霞. 高等数学综合一体化教学改革的研究［J］. 大学教育，2018（11）：110–112.

［36］夏秀云，常安成. 基于信息时代下高等数学示范课教学模式新探索：以湖南信息学院为例［J］. 科教导刊：电子版，2018（12）：168–169.

[37] 江万满 . 翻转课堂在高等数学教学中应用问题的思考 [J]. 菏泽学院学报，2019，41（02）：105–107.

[38] 康敏 . 基于 SPOC 的高等数学“三段四步”翻转课堂教学模式研究 [J]. 黑河学院学报，2019，10（07）：147–149.

[39] 惠驿晴 . 在教学中融入翻转课堂模式的实践研究 [J]. 中国校外教育，2019（30）：149–150.

[40] 郭鑫 . 高等数学课堂教学中翻转课堂模式的应用研究 [J]. 教育教学论坛，2019（42）：197–198.

[41] 王瑶，吴莉，李良彬 . 高等数学教学模式创新及内容与方法改革研究 [J]. 数学学习与研究，2020（04）：4.

[42] 牛向阳，倪前月 . 基于翻转课堂的大学与中学微积分的分化与整合 [J]. 阜阳师范学院学报：自然科学版，2020，37（03）：115–118.

[43] 许丽 . 浅论“高等数学”教学模式的改革和探究 [J]. 科教文汇，2020（34）：107–108.

[44] 武跃祥，周雪艳，高卓艳 . 高等数学教学中的几点体会及翻转式教学法探析 [J]. 数学学习与研究，2020（22）：10–11.

[45] 李志青，曾鹏，蓝光进 . 导数应用及教学方法探讨 [J]. 数学学习与研究，2021（21）：2–3.

[46] 郭群 . 课程思政融入中职数学课堂的实践与探索 [J]. 基础教育论坛，2022（02）：48–49.

[47] 李洪亮，裴慧丽 . 定积分概念教学方法思考 [J]. 教育进展，2020，10（02）：120–124.